U0358606

"一起成长"家庭阅读系列

为人父母必读·传家宝鉴

上

夏家善　编著

南开大学出版社

天　津

图书在版编目(CIP)数据

为人父母必读：传家宝鉴：全三册 / 夏家善编著
.—天津：南开大学出版社，2017.7
（"一起成长"家庭阅读系列）
ISBN 978-7-310-05388-9

Ⅰ.①为… Ⅱ.①夏… Ⅲ.①家庭道德－中国－古代
Ⅳ.①B823.1

中国版本图书馆 CIP 数据核字(2017)第 124118 号

南开大学出版社出版发行
出版人：刘立松
地址：天津市南开区卫津路 94 号　　邮政编码：300071
营销部电话：(022)23508339　23500755
营销部传真：(022)23508542　　邮购部电话：(022)23502200

*

三河市同力彩印有限公司印刷
全国各地新华书店经销

*

2017 年 7 月第 1 版　　2017 年 7 月第 1 次印刷
185×108 毫米　32 开本　24.25 印张　6 插页　264 千字
定价：75.00 元

如遇图书印装质量问题，请与本社营销部联系调换，电话：(022)23507125

出版说明

在传承和弘扬中华优秀传统文化和家风精神的时代背景下，本着家长与孩子共读经典、共同成长的理念，我们策划了这套"'一起成长'家庭阅读系列"丛书。本丛书包括《为人父母必读·传家宝鉴》和《教养子女必备·启蒙宝鉴》两种，每种含三个分册，分别甄选中国历代家训和蒙学读本中具有传承价值又切合当今需要的内容，分类编排，辅以必要的注释，方便家长陪孩子诵读，为孩子讲解，与孩子共度愉快的亲子时光。

本套丛书的编者夏家善先生，长期研治中国文学，熟悉古代文化典籍，特别属意于古代家训和蒙学读本的搜集、整理与研究。编者以"去粗取精，点面结合"的方式，在浩繁的典籍中精选出五百余则家训格言和六百余则启蒙要语,为读者呈现出中国传统文化教育的精髓,旨在丰富青少年的国学知识,提高青少年的道德素养,亦使为人父母者能找到根植于我国文化土壤的治家之道和教子之法。

丛书涉及的每部经典均有各自的特色和侧重,而其中的每个片段亦有相对的独立性。为方便阅读,每则原文均独立成页,与相应的注释同页或跨页对照。读者可以日诵一则,日有所悟;亦可依类查阅,释疑解惑。

另外,为呈现典籍原貌,除改正其中明显的讹误外,丛书原文部分的异体字、异形词一律遵从原典籍的行文用字,未做更动。

希望广大读者朋友能在阅读丛书的过程中有所收获,有所借鉴,并对编辑中的不足和疏漏不吝指正。

南开大学出版社

2017 年 6 月

总目录

上

修身 …………………………………………… 1

处世 …………………………………………… 83

立志 …………………………………………… 121

读书 …………………………………………… 169

中

治家 …………………………………………… 263

教子 …………………………………………… 337

睦亲 …………………………………………… 425

友邻 …………………………………………… 487

从师 …………………………………………… 499

下

择业 ·························· 511

为官 ·························· 539

交友 ·························· 567

婚嫁 ·························· 611

养生 ·························· 647

后事 ·························· 685

戒恶习 ························ 725

后记 ·························· 755

上册目录

修身 …………………………………………… 1

　　正心养德 ………………………………… 2

　　洁身自爱 ………………………… 18

　　廉洁自律 ………………………… 38

　　戒骄去满 ………………………… 46

　　淡泊功名 ………………………… 58

　　改过迁善 ………………………… 67

处世 …………………………………… 83

　　谦恭逊让 ………………………… 84

　　谨言慎行 ………………………… 94

　　恪守诚信 ………………………… 104

　　礼贤待人 ………………………… 110

　　居安思危 ………………………… 116

立志 ···································· 121

　　人贵有志 ···························· 122

　　志存高远 ···························· 136

　　守志专一 ···························· 150

　　励志自强 ···························· 156

读书 ···································· 169

　　读书至要 ···························· 170

　　贵在有恒 ···························· 186

　　勤学苦读 ···························· 204

　　熟读精思 ···························· 220

　　学以致用 ···························· 242

　　不耻下问 ···························· 248

　　珍惜分阴 ···························· 253

修身

正心养德

　　夫心，犹首面也[1]，是以甚致饰焉[2]。面一旦不修[3]，则尘垢秽之[4]；心一朝不思善，则邪恶入之。咸知饰其面[5]，不修其心，惑矣[6]。夫面之不饰，愚者谓之丑；心之不修，贤者谓之恶。愚者谓之丑犹可，贤者谓之恶，将何容焉[7]？

　　　　　　　　　　　［汉］蔡邕《女诫》

注　释

［1］首面:首,指头;面,指脸。首面,合指头
　　和脸。

［2］是以甚致饰焉:是以,因此,所以;甚,非
　　常;致,细致。这句是说,因此对于心要
　　非常细致地进行修饰。

［3］一旦:一天之间。

［4］秽:玷污。

［5］咸:都。

［6］惑:指思想糊涂。

［7］将何容焉:那将怎么在天下容身呢?

夫君子之行[1]，静以修身，俭以养德；非澹泊无以明志[2]，非宁静无以致远[3]。夫学须静也，才须学也，非学无以广才，非志无以成学。淫慢则不能励精[4]，险躁则不能冶性[5]。年与时驰[6]，意与日去[7]，遂成枯落，多不接世[8]。悲守穷庐[9]，将复何及[10]！

〔三国〕诸葛亮《戒子书》

注 释

[1] 行：品行，操守。

[2] 澹泊：同"淡泊"。恬淡寡欲，不追求功名利禄。 无以：没有什么。此指无法。

[3] 致远：达到远大的目标。

[4] 淫慢：放纵怠惰。 励精：振奋精神，致力于某种事业或工作。

[5] 险躁：轻薄浮躁。 冶性：陶冶性情，涵养性情。

[6] 年：年华。 驰：奔驰。此指失去。

[7] 意：意志。 日：日月，时光。 去：此指逐渐消退。

[8] 接世：济世，救世。这里指对社会有所作为，对社会有益。

[9] 穷庐：贫贱者居住的房子。

[10] 将复何及：（等到悲守穷庐的时候）后悔又怎么来得及呢？

勿以恶小而为之，勿以善小而不为[1]。惟贤惟德[2]，能服于人[3]。

[三国]刘备《遗诏敕后主》

注　释

[1]"勿以恶小而为之"二句:大意是,要积小善为大善,切勿积小恶为大恶。对于善事好事,不要因其小而不做,要积小善为大善;对于恶事坏事,不要因其小而随便去做,要防微杜渐。

[2]惟:唯独,只有。　贤:有德行,有才能。　德:道德,品德。

[3]服于人:使人信服。

立身以孝悌为基[1]，以恭默为本[2]，以畏怯为务[3]，以勤俭为法[4]，以交结为末事[5]，以弃义为凶人……莅官则洁己省事[6]，而后可以言守法，守法而后言养人[7]。直不近祸[8]，廉不沽名[9]。

[唐] 柳玭《柳氏家训》

注　释

[1] 基:基础,根本。

[2] 恭默:这里讲的是交友之道。即待人不但要谦恭有礼,而且不能随意评论别人的长短。

[3] 畏怯:这里指办事要兢兢业业,谨慎小心。

[4] 法:这里指原则。

[5] 交结:指拉关系、结帮派。　末事:无关根本之事,小事。

[6] 莅(lì)官:到职,居官。　省事:处理事务。

[7] 养人:教育熏陶他人。

[8] 直:公正,正直。

[9] 廉:廉洁,不贪。　沽名:猎取名誉。

人生止此方寸地[1]，要光明洞达[2]，直走向上一路。若有龌龊卑鄙襟怀[3]，则一生德器坏也[4]。

[明] 吴麟徵《家诫要言》

注　释

[1] 止：仅，只。　方寸地：指心。

[2] 洞达：胸襟开阔磊落。

[3] 龌龊（wò chuò）：器量狭小卑劣。　襟怀：胸怀。

[4] 德器：道德修养与才识度量。

君子之道，修身为上[1]，文学次之[2]，富贵为下。苟能修身，不愧于古之人[3]，虽终身为布衣[4]，其贵于宰相也远矣[5]。

［清］唐甄《诲子》

注 释

［1］修身：陶冶身心，涵养德性。

［2］文学：此指功名官位。

［3］古之人：此指古代的贤者。

［4］布衣：借指平民。古代平民不能衣锦绣，故称。

［5］宰相：泛称辅佐皇帝、统领百官、总揽政务的最高行政长官。如秦汉时的丞相、三公。

存一进念，不论在家、在官，总无泰然之日；时时作退一步想，则无境不可历[1]，无人不可处。天下必有不如我者，以不如我者自镜[2]，未有心不平、气不和者。心平气和，君子之所由坦荡荡也[3]。

[清]汪辉祖《双节堂庸训》

注　释

[1] 无境：没有(什么)境地。　历：越过。

[2] 自镜：自我借鉴、比较。

[3] 坦荡荡：泰然自得的样子。

纵欲败度[1]，立身之大患，当于起手处力防其渐[2]。凡声、色、货、利，可以启骄夺得淫佚之弊者[3]，其端断不可开[4]。

［清］汪辉祖《双节堂庸训》

注　释

[1] 纵欲:放纵欲望,不加克制。　败度:败坏法度。

[2] 起手:开始。　渐:渐进,扩大。

[3] 启:引发。

[4] 端:开头,同上文的"起手"。

州县亲民[1]，称职匪易，能造福亦能造孽。第一要将利心打破[2]，莫作润身肥家之计[3]。我家仰荷君恩[4]，得有今日，必须发愤学做好官，力图报称[5]。平日将吏治诸书多读广览，悉心讲求，以为将来展布[6]。尤须近正直，远邪佞[7]，崇节俭，戒浮华，习勤劳，儆偷惰[8]。昔人云："为官是苦人，做官是苦事。"以官为乐，必不能做好官也。

[清]倭仁《倭文端公遗书》

注　释

[1] 亲民:亲近爱抚民众。

[2] 利心:获利之心。

[3] 润身肥家:即中饱私囊,满足自己、一家
　　之欲望。

[4] 仰荷(hè):敬领,承受。

[5] 报称(chèn):报答。此指报效朝廷。

[6] 展布:施展。

[7] 邪佞(nìng):奸邪小人。

[8] 儆(jǐng):告诫,警告。

自修之道，莫难于养心。心既知有善知有恶，而不能实用其力，以为善去恶，则谓之自欺。方寸之自欺与否，盖他人所不及知，而己独知之。故《大学》之"诚意"章两言慎独[1]。果能好善如好好色，恶恶如恶恶臭[2]，力去人欲，以存天理，则《大学》之所谓自慊[3]，《中庸》之所谓戒慎恐惧[4]，皆能切实行之。即曾子之所谓自反而缩[5]，孟子之所谓仰不愧、俯不怍[6]。所谓养心莫善于寡欲，皆不外乎是。

［清］曾国藩《遗嘱》

注　释

[1] 慎独：一人独处时也能做到谨慎不苟。

[2] "果能"二句：《大学》中有"如恶恶臭，如好好色"的句子。这两句的意思是，假如真的能够做到喜好善良的东西，像喜爱美丽的颜色一样，憎恶丑恶的东西，像厌恶腐臭的气味一样。

[3] 慊：满足。

[4] "《中庸》"句：《中庸》中有"是故君子戒慎乎其所不睹，恐惧乎其所不闻"的话。意思是，君子要注意在别人看不到的地方也自我检点，在别人听不见的时候也怀有警惧之心。

[5] 自反而缩：即躬身自问。

[6] 仰不愧、俯不怍(zuò)：《孟子·尽心上》中有"仰不愧于天，俯不怍于人"的话。即抬头不愧对于上天，低头不愧对于世人。

洁身自爱

恭为德首，慎为行基[1]。愿汝等言则忠信，行则笃敬[2]。无口许人以财，无传不经之谈[3]，无听毁誉之语。闻人之过，耳可得受，口不得宣，思而后动。若言行无信，身受大谤，自入刑论[4]，岂复惜汝，耻及祖考[5]。思乃父言，耻乃父教，各讽诵之[6]。

[晋] 羊祜《戒子书》

注　释

[1] 基：基础。

[2] 笃（dǔ）敬：笃厚敬肃。

[3] 不经之谈：荒诞或没有根据的话。

[4] 刑论：判刑论罪。

[5] 祖考：祖，父母的上一辈；考，死去的父
亲。祖考，泛指长辈。

[6] 讽诵：背诵。这里有记取的意思。

吾为国相[1]，岂不怀愧，更营美室，是速吾祸[2]，此其爱我意哉[3]？事难全遂[4]，物不两兴。既有贵仕[5]，又广其宇，若无令德[6]，必受其殃[7]。吾非不欲之，惧获戾也[8]！

　　　　　　［唐］李义琰《李义琰家训》

注　释

[1] 国相(xiàng)：古时辅政的大臣。

[2] 速：加速，加快。

[3] 此：这里指其弟建议营造私第美室一事。

[4] 全遂：完全合乎心愿。

[5] 贵仕：显贵的官位。

[6] 令德：美德。

[7] 殃：祸患，灾难。

[8] 戾(lì)：罪行。

凡人行己公平正直者，可用此以事神，而不可恃此以慢神[1]；可用此以事人[2]，而不可恃此以傲人。虽孔子亦以敬鬼神、事大夫、畏大人为言[3]，况下此者哉[4]！彼有行己不当理者[5]，中有所慊[6]，动辄知畏，犹能避远灾祸，以保其身。至于君子而偶罹于灾祸者[7]，多由自负以召致之耳[8]。

[宋]袁采《袁氏世范》

注 释

［1］慢神：对神轻慢不敬。

［2］事人：处人或待人。

［3］为言：做谈话的话题。

［4］况下此者哉：何况在他（孔子）以下的
人呢。

［5］不当理：不合道理。

［6］中有所慊（qiàn）：中，内心；慊，遗憾。
中有所慊，内心有所遗憾。

［7］罹（lí）：遭遇。

［8］自负：自以为了不起。

人能忍事，易以习熟[1]，终至于人以非理相加，不可忍者，亦处之如常。不能忍事，亦易以习熟，终至于睚眦之怨[2]，深不足较者[3]，亦至交詈争讼[4]，期于取胜而后已[5]，不知其所失甚多。人能有定见[6]，不为客气所使[7]，则身心岂不大安宁！

[宋] 袁采《袁氏世范》

注　释

[1] 易以习熟：易，蔓延；以，而且；习熟，习惯。易以习熟，久而成了习惯。

[2] 睚眦(yá zì)之怨：指极小的怨恨。

[3] 深不足较者：太不值得计较的事。

[4] 交詈：互相责骂。

[5] 期：希望，企求。

[6] 定见：明确的见解或主张。

[7] 客气：一时的意气，偏激的情绪。

汝一向清心做官[1]，莫营私利。汝看老叔自来如何[2]，还会营私否？自家好家门[3]，各为好事，以光祖宗。

〔宋〕范仲淹《给三侄书》

注　释

[1] 清心：指居心清正。

[2] 老叔：范仲淹自称。范仲淹（989—1052年），字希文，谥"文正"，苏州吴县（今属江苏省苏州市）人。北宋大臣、文学家。官参知政事等。工诗词散文。有《范文正公集》。　自来：历来。

[3] 好（hào）：喜爱。

处宗族、乡党、亲友，须言顺而气和，非意相干[1]，可以理遣[2]；人有不及，可以情恕。若子弟僮仆与人相忤[3]，皆当反躬自责，宁人负我，无我负人。彼悻悻然怒发冲冠[4]，讦短以求胜，是速祸也[5]，若果横逆难堪[6]，当思古人所遭，更有甚于此者，惟能持雅量而优容之[7]，自足以潜消其狂暴之气。

[明] 庞尚鹏《庞氏家训》

注　释

［1］非意相（xiāng）干：恶意相犯，无故寻衅。

［2］理遣：从事理上得到宽解。

［3］忤（wǔ）：违逆，触犯。

［4］悻（xìng）悻然：怨恨失意的样子。

［5］速祸：招致祸害。

［6］横（hèng）逆：横祸，厄运。　难堪：不易忍受，承受不了。

［7］雅量（liàng）：宏大的气度。　优容：宽待，宽容。

知有己不知有人,闻人过不闻己过,此祸本也[1]。故自私之念萌[2],则铲之;谗谀之徒至[3],则却之[4]。

[明]吴麟徵《家诫要言》

注　释

[1]本:根源,本源。

[2]故:所以,因此。　萌:产生,萌生。

[3]谗谀之徒:指好谗毁、善于谄媚奉承的人。

[4]却:拒绝,使退。

居常只见人过[1]，不见己过，此学者切骨病痛，亦学者公共病痛。此后读书做人，须苦切检点自家病痛[2]。盖所恶人许多病痛，若真知反己[3]，则色色有之也[4]。

［明］唐顺之《与二弟正之》

注 释

[1]居常：平时，平常。

[2]苦切：恳切，迫切。

[3]反己：回过头来对照自己。

[4]色色：件件，样样。

著新衣者[1]，恐有污染，时时爱护；一经垢玷[2]，便不甚惜；至于浣亦留痕[3]，则听其敝矣[4]。儒者，凛凛清操[5]，无敢试以不肖之事[6]。稍不自谨，辄为人所持[7]，其势必至于逾闲败检[8]。故自爱之士，不可有一毫自玷，当于小节先加严慎[9]。

[清] 汪辉祖《双节堂庸训》

注 释

[1] 著(zhuó):穿。

[2] 垢玷(diàn):垢,肮脏东西;玷,玷污。垢玷,指沾上脏东西。

[3] 浣(huàn):洗。浣衣即洗去衣服上的污垢。

[4] 听:任凭。   敝:坏,破旧。

[5] 凛凛:威严而使人敬畏的样子。   清操:清高的操守。

[6] 不肖:品行不端,不正派。

[7] 辄:立即,就。   持:挟制。

[8] 逾闲败检:闲、检,均指规矩法度。逾闲败检,指不遵守礼法,越出规矩。

[9] 严慎:严格(要求),谨慎(做事)。

圣贤为学，以实不以名[1]。然君子疾没世而不称焉[2]，实至名归[3]，亦学者所尚[4]。谓名不足爱，将肆行无忌。故三代以下患无好名之士[5]。好孝名，断不敢有不孝之心；好忠名，断不敢为不忠之事。始于勉强驯致[6]，自然事事皆归实践矣。第务虚名而不敦实行[7]，斯名败而诟讪随之[8]，大为可耻。

〔清〕汪辉祖《双节堂庸训》

注　释

[1] 实:实际内容,本领。　名:名声,名誉。

[2] 然:然而。　疾:害怕。　没世:终身,一辈子。　不称(chèn):不称愿,不能满足愿望。

[3] 实至名归:做出实际成绩,就会获得应有的名誉。

[4] 尚:崇尚,尊重。

[5] 三代:指曾祖、祖、父三代。

[6] 驯致:驯,渐进。驯致,逐渐达到。

[7] 第:但,只管。　务:致力。　敦:勉力。　实行:实际行动。

[8] 斯:那么,就。　诟讪(gòu shàn):耻辱和诽谤。

今汝已及入大学之年,艰难困苦,身亲尝者如是,亦宜知行世非易[1],当勉力诗书,淬厉志气[2]。即命值其穷[3],亦当辨是非,守义理[4],必不可重性命,丧操履[5]。苟可以得生者无所不为,以贻羞妻妾[6],玷辱祖宗。求其如我今日之人,而犹不可得也。

[清] 田兰芳《给儿书》

注　释

[1] 行(xíng)世:处世,生活在世上。

[2] 淬(cuì)厉:亦作"淬砺"。激励,磨炼。

[3] 命:命运。　穷:不得志,不显贵。

[4] 义理:合于一定的伦理道德的行为
准则。

[5] 操履:操守。

[6] 贻羞:使蒙受羞辱。

余生平崇尚清廉慎勤，对于买山置屋，每不为然。见名公巨宦之初，独惜一敝袍[1]，而常御之[2]。渠寻见余[3]，辄骇讶何贫窭如此[4]？余非矫饰[5]，特不敢于建功立业享受大名之外，一味求田置舍，私图家室之殷实。常思谦退，留些有余不尽之福分，待子孙享受，莫为我一人占尽耳。

[清] 彭玉麟《谕儿书》

注　释

[1] 惜:爱惜。　敝:破烂,破旧。

[2] 御:用。特指"穿"。

[3] 渠:他。　寻见:找到。此指见到。

　　余:我。

[4] 辄:每每,总是。　骇叱:惊叹。　贫

　　窭(jù):贫乏,贫穷。

[5] 矫饰:造作夸饰,粉饰。

廉洁自律

方与曹公戮力[1]，义不以私废公[2]。

[三国] 李通《诫妻》

注　释

[1] 方:正。　曹公:即曹操。　戮(lù)力:
勉力,努力。

[2] 义:道义。　以:因为。　废:废弃。

人臣不密则失身[1]，树私则背公[2]，是大戒也。汝等亦当宦达人间[3]，宜识吾此意。

〔晋〕荀勖《语诸子》

注　释

[1] 密：缜密。　失身：丧去操守。

[2] 树私：犹营私。图谋私利。　背公：背离公正。

[3] 宦达：仕宦显达。

汝孤寒[1]，曾受辛苦，知道官职难得，每事当思爱惜。守廉[2]，守贫[3]，慎行[4]，则保此寸禄而已[5]。

[宋]欧阳修《给十三侄书》

注　释

[1] 孤寒：此指欧阳修之侄从小失去父亲，家境贫寒无依。

[2] 守：保持。

[3] 贫：清贫。

[4] 慎行(xíng)：行为谨慎检点。

[5] 寸禄：微薄的俸禄。此指小小的官位。

欧阳氏自江南归朝[1]，累世蒙朝廷官禄[2]，吾今又被荣显[3]。致汝等并列官裳[4]，当思报效。偶此多事[5]，如有差使，尽心向前，不得避事。至于临难死节[6]，亦是汝荣事，但存心尽公，神明亦自佑汝[7]，慎不可思避事也！

［宋］欧阳修《给十二侄》

注　释

[1]"欧阳氏"句：江南,欧阳修原籍吉州吉水(今属江西),在长江以南,故称江南；归朝(cháo),依附朝廷,此指做官。这句意思是,我们欧阳家族自从在江南依附朝廷。

[2]累(lěi)世：接连几代。

[3]荣显：荣华显贵。指被朝廷重用。

[4]官裳：官服。指做官。

[5]多事：此指多事变的时期。

[6]临难(nàn)：身临危难。常指面临死亡。　死节：为保全节操而死。

[7]神明：天地间一切神灵的总称。

昨闻人云[1]：尔不好钱[2]，只是以身借人[3]，似乎不得时人欣美[4]，我心窃喜[5]，但恐非尔所及也。自古圣贤[6]，皆是以身借人……子果有是，更当勉力多为，前进无后退。只要以认得理真，力所可为，虽天下非之而不顾[7]，即害之所在，虽千万人避吾往矣[8]，切莫因人言而终止也。

［明］李际阳母《遗子书》

注　释

[1] 闻人云：听别人说。

[2] 尔：你。

[3] 以身借人：借，奉献。以身借人，指奉献
自己，为别人服务。

[4] 欣羡：喜爱而羡慕。

[5] 窃喜：暗自高兴。

[6] 圣贤：圣人和贤人的合称。亦泛称道德
才智杰出者。

[7] 非(fěi)：通"诽"。

[8] 避：躲开，回避。　往：去。

戒骄去满

凡在朋侪中[1]，切戒自满；惟虚故能受[2]，满，则无所容。人不我告[3]，则止于此耳，不能日益也[4]。故一人之见，不足以兼十人，我能取之十人，是兼十人之能矣。取之不已，至于百人千人，则在我者，可量也哉[5]？

[元]许衡《许文正公遗书》

注　释

［1］朋侪(chái)：朋辈。

［2］惟虚故能受：惟，只因；故，所以。这句
　　话是说，只因有空间，所以能接受。

［3］我告：告诉我。

［4］日益：日日有所增益。

［5］可量也哉：可以计量吗？即不可计量的
　　意思。

自癸酉科举之后[1]，忽染一种狂气，不量力而慕古[2]，好矜己而自足[3]，顿失邯郸之步[4]，遂至匍匐而归[5]。

［明］张居正《示季子懋修书》

注 释

[1] 癸酉：即明神宗万历元年(1573年)。

[2] 慕古：仰慕古人。

[3] 矜己：自夸。 自足：自满。

[4] 邯郸之步：典出《庄子·秋水》。比喻仿效别人不成，反丧失原有的本领。

[5] 匍匐而归：爬着回来。

《书》曰[1]："满招损，谦受益。"志得意满，必非长进之人，趾高气扬，便是鲜终之物[2]。每见丧其行名[3]，不保其首领者[4]，皆此类也。

[清]蒲松龄《为人要则》

注 释

[1]《书》:《尚书》的简称。儒家经典之一。相传系孔子编选而成，为中国上古历史文件和部分追述古代事迹著作的汇编。

[2]鲜(xiǎn)终之物:鲜，少；物，人。鲜终之物，指很少能最终取得成功的人。

[3]行(xíng)名:行，品行；名，名声。

[4]首领:头和脖子。此指脸面。

自己傲气既长，不肯用功深造，而眼高手低，握管作文[1]，自嫌弗及不通秀才[2]，免得献丑，索性搁笔不为文，于是潦倒终身，永无寸进[3]。

〔清〕郑板桥《再谕麟儿》

注　释

[1] 管:指笔。

[2] 自嫌:自己不满自己。　弗及:比不上。

[3] 寸进:微小的进步。

余壮年傲气亦盛，而对于胜我者，却肯低头降伏[1]。见佳文，爱之不肯释手，虽百读不厌，故能侥幸成名，然亦四下乡场[2]，始得脱颖而出，亦为傲气所阻也。至今思之，犹如芒刺在背。

［清］郑板桥《再谕麟儿》

注 释

[1] 降（xiáng）伏：降服。

[2] 乡场：科举时代的乡试考场。乡试，明清两代指每三年一次在各省省城举行的科举考试。考中的为举人。即使会试不第，亦可依科选官。

读书中状元，从宦为宰相，皆儒者分内事。况状元、宰相尚是空名。循名责实[1]，大惧难副[2]。又况不能为状元、宰相乎？恃才而狂，挟贵而骄[3]，昔人所谓"器小易盈"[4]，非惟不值一钱，且有从而获祸者。《易》曰："谦受益，满招损。"[5]万事皆然。

[清]汪辉祖《双节堂庸训》

注　释

[1] 循名责实:就其名而求其实,就其言而观其行,考虑是否名副其实。

[2] 副:相符,符合。

[3] 挟:倚仗。　骄:骄傲。

[4] 器小易盈:容器小就容易满。意为量小就不能大受。

[5] 谦受益,满招损:自谦就会得到帮助,自满就要招致损害。此语出自《尚书·大禹谟》。此称"《易》曰",系作者误记。

尔在外以"谦""谨"二字为主[1]。世家子弟[2]，门第过盛[3]，万目所瞩[4]。

[清] 曾国藩《谕纪泽》

注 释

[1] 谦：谦虚，谦让。 谨：谨慎，慎重。

[2] 世家：世禄之家。后泛指世代贵显的家族或大家。

[3] 门第：旧指家庭在社会上的地位等级和家庭成员的文化程度等。

[4] 瞩：注视。

天下古今之庸人[1]，皆以一"惰"字致败；天下古今之才人[2]，皆以一"傲"字致败。但从"傲""惰"两字痛下功夫，不问人之骂与否也。

[清] 曾国藩《家书》

注 释

[1] 庸人：庸碌无为的人。

[2] 才人：才华出众的人。

天地间惟谦谨是载福之道[1]，骄则满，满则倾矣。凡动口动笔，厌人之俗[2]，嫌人之鄙，议人之短，发人之覆[3]，皆骄也……吾家子弟满腔骄傲之气，开口便道人短长，笑人鄙陋[4]，均非好气象[5]。贤弟欲戒子侄之骄，先须将自己好议人短、好发人覆之习气痛改一番，然后令后辈事事警改[6]。欲去“骄”字，总以不轻非笑人为第一义[7]。

[清] 曾国藩《家书》

注　释

[1] 载福:致福,承受福惠。

[2] 厌:嫌弃。

[3] 发人之覆:此指揭发人家的短处,公开
人家的隐私。

[4] 鄙陋:庸俗浅薄。

[5] 气象:迹象,现象。

[6] 警改:警戒改正。

[7] 非笑:讥笑。

淡泊功名

名之与实，犹形之与影也。德艺周厚[1]，则名必善焉；容色姝丽[2]，则影必美焉。今不修身而求令名于世者[3]，犹貌甚恶而责妍影于镜也[4]。上士忘名[5]，中士立名[6]，下士窃名[7]。忘名者，体道合德[8]，享鬼神之福祐，非所以求名也；立名者，修身慎行，惧荣观之不显[9]，非所以让名也；窃名者，厚貌深奸，干浮华之虚称，非所以得名也[10]。

[南北朝]颜之推《颜氏家训》

注　释

[1] 德艺周厚:指德行才艺丰厚。即德才兼备。

[2] 姝(shū)丽:美丽,漂亮。

[3] 令名:美好的名声。

[4] "犹貌甚恶"句:妍(yán)影,美丽的影像。这句的大意是,就像容貌丑陋却想要在镜子中照出美丽影像一样。

[5] 上士:道德高尚的人。

[6] 中士:中等德行的人。

[7] 下士:德行差的人。

[8] 体道合德:体察事物的规律,使言行符合道德规范。

[9] 荣观:荣誉。

[10] "窃名者"四句:意思是,窃取浮名的人,表面敦厚,内心十分奸诈,追求的浮华不实的虚名,这不是他应得的好名声。

浮云傥来若寄之物[1]，铢两自有所系[2]，决非智巧所能得。老夫阅世故来，益知三十年守此拙分为不错也！

［宋］黄庭坚《给弟润甫贤宗书》

注　释

[1] 浮云：此指功名富贵。　傥（tǎng）来：意外得来，偶然得到。　寄：寄存。

[2] 铢（zhū）两：一铢一两。古人衡制，一铢为一两的二十四分之一。

大儿愿如古人淳，小儿愿如古人真。平生乃亲多苦辛[1]，愿汝辛苦过乃亲。身居畎亩思致君[2]，身在朝廷思济民。但期磊落忠信存，莫图苟且功名新。

　　　　　［元］许衡《训子诗》

注　释

[1] 乃亲：你的父亲。

[2] 畎（quǎn）亩：田间，田野，田地。　　致君：辅助国君，使其成为圣明之主。

尝见人家子弟，一读书，就以功名富贵为急，百计营求[1]，无所不至。求之愈急，其品愈污[2]。缘此而辱身破家者多矣。至于身心德业[3]，所当求者反不能求，真可惜也。吾谓读书者，当朝温夕诵，好问勤思，功名富贵，听之天命，惟举孝悌忠信，时时励勉[4]，苟能表帅乡闾[5]，教导子侄有礼有恩，上下和睦，即此便足尊贵，何必入仕[6]，然后谓之仕哉。

[清]唐彪《人生必读书》

注　释

[1] 营求:谋求,追求。

[2] 品:品性,品格。　污:玷污,玷辱。

[3] 德业:德行和功业。

[4] 励勉:勉励。

[5] 表帅:同"表率"。榜样。　乡间:家乡,
故里。

[6] 入仕:入朝做官。

食君之禄，此身已非己有。特恐利害当前，私情回惑[1]，遂至贪生怕死，负国辱亲。即如某制军[2]，平日尚称佼佼，乃末路狼狈至此[3]，即幸邀宽典[4]，靦然者何以立于人世耶[5]？我辈处此，须看得破[6]，守得定[7]，庶不自误一生耳[8]。

[清]倭仁《又示咸儿》

注　释

〔1〕回惑:迷惑,诱惑。

〔2〕制军:明清时对总督的别称。又称"制台"。

〔3〕末路:晚年,老年。

〔4〕幸邀:侥幸求得。　宽典,宽刑。

〔5〕觍(tiǎn)然:不以为羞的样子。

〔6〕看得破:指看得透功名利禄,即不为功名利禄所迷惑。

〔7〕守得定:此指牢牢守住良好品行。

〔8〕庶:庶几,差不多。

富贵功名皆人世浮荣[1]，惟胸次浩大是真正受用[2]。余近年专在此处下功夫，愿与我弟交勉之[3]。

［清］曾国藩《家书》

注　释

[1] 浮荣：虚荣。

[2] 胸次：胸怀。　受用：好处，利益。

[3] 交勉：互相勉励。

改过迁善

见善必行[1]，闻过必改[2]，
能治其身[3]，能治其家[4]。

［宋］朱熹《朱子增损吕氏乡约》

注　释

[1] 见善必行(xíng)：看见别人好的行为就
　　照着去做。

[2] 闻过必改：听到别人指出自己的过失一
　　定改正。

[3] 治其身：修养自己的身心。

[4] 治其家：管理好自己的家事。

圣贤犹不能无过，况人非圣贤，安得每事尽善？人有过失，非其父母，孰肯诲责[1]；非其契爱[2]，孰肯谏谕[3]。泛然相识[4]，不过背后窃议之耳。君子惟恐有过，密访人之有言[5]，求谢而思改[6]。

[宋]袁采《袁氏世范》

注 释

[1] 诲责:教诲、责备。

[2] 契(qì)爱:友好,亲爱。

[3] 谏谕:劝谏晓谕。

[4] 泛然:一般地。

[5] 密访:暗中访察。　有言:有话。指有意见背后议论。

[6] 求谢:指对给自己提意见的人表示感谢。

人之处事能常悔往日之非，常悔前言之失，常悔往年之未有知识，其贤德之进[1]，所谓长日加益而人不自知也[2]。古人谓"行年六十而知五十九之非"者[3]，可不勉哉！

[宋] 袁采《袁氏世范》

注　释

[1] 进:进步

[2] 长(cháng)日加益:经常增加进益。

[3] 行(xíng)年:经历的年岁。指当时年龄。

人非上智[1]，其孰无过[2]？过而能知，可以为明[3]；知而能改，可以跂圣[4]。小过不改，大恶形焉；小善通迁[5]，大善成焉。

〔明〕徐皇后《内训》

注　释

[1] 上智：上等智慧。指才智过人的人。

[2] 孰：谁。

[3] 明：圣明，明智。此指明白人。

[4] 跂(qǐ)圣：企望成为圣人。

[5] 迁：升，达到。

本心之明[1]，皎如白日[2]，无有有过而不自知者，但患不能改耳，一念改过，当时即得本心。人孰无过，改之为贵。蘧伯玉[3]，大贤也，惟曰："欲寡其过而未能。"成汤、孔子[4]，大圣也，亦惟曰："改过不吝，可以无大过而已。"人皆曰："人非尧舜，安能无过？"此也相沿之说，未足以知尧舜之心，若尧舜之心而自以为无过，即非所以为圣人也。

[明]王守仁《寄诸弟》

注　释

[1] 本心:天性,本性。

[2] 皎:洁白。

[3] 蘧伯玉:春秋时卫国人,名瑗。相传他年五十而知四十九之非,是一位求进甚急并善于改过的贤大夫。

[4] 成汤:又称"武汤"。子姓。商朝的建立者。原为商族领袖,曾任用伊尹为相,发展生产,讨伐暴桀,于公元前十六世纪灭夏建立商朝。

小善小恶，最易忽略。凡人日用云为[1]，小小害道[2]，自谓无妨。不知此"无妨"二字种祸最毒[3]。今之自暴自弃，下愚不肖，总只此"无妨"二字，不知不觉，积成大恶。故古之君子，克勤小物[4]，非是务小遗大[5]。盖小者犹不可忽[6]，况大事乎！二子皆有为善之姿与为善之心[7]，但自是之病未除。是己则非人，种毒非小[8]。

［清］陈确《示儿帖》

注　释

[1] 日用:日常,平时。　　云为(wéi):言论行为。

[2] 害道:此指过失。

[3] 种(zhòng)祸:埋下祸根。

[4] 克勤小物:指尽力做点小小的好事。

[5] 务小遗大:致力于小事而丢了大事。

[6] 犹:尚,尚且。

[7] 二子:指陈确的两个儿子陈翼(长子)、陈禾(次子)。

[8] "是己"二句:意思是,只觉得自己正确,就会认为别人什么都不对,这样种下的毒害就不会小。

凡人从幼至老，只有择善一路[1]，终身由之，无穷尽，无休息。心非善不存，言非善不出，行非善不行[2]，以至书必择而读，人必择而交，言必择而听，地必择而蹈。小大精粗，无不由是。《论语》曰："择其善者而从之，其不善者而改之[3]。"又曰："见贤思齐焉，见不贤而内自省也[4]。"圣人谆复示人之意切矣[5]。

[清]张履祥《示儿》

注　释

[1] 择善:选择有益的事。

[2] 行(xíng):第一个"行",指行为;第二个"行",指做。

[3] "择其善者"二句:出自《论语·述而》。意思是,选择那些优点而学习,对于那些缺点而加以改正。

[4] "见贤思齐"二句:出自《论语·里仁》。意思是,看见贤人就想向他看齐,看见不贤的人就在内心反省自己。

[5] 谆复:反复叮咛,恳切教导。

己有不善，固当速改，不可因以害人。人有不善，尤宜痛戒，何可使其累我[1]？成汤圣人，犹然检身若不及[2]，改过不吝；颜子大贤[3]，只是不贰过，得一善，服膺而弗失[4]。若乃见善不迁[5]，有过不改，甚或善恶倒置，好恶拂人[6]，饰非使诈，怙恶不悛[7]，灾己辱先，民斯为下而已。

〔清〕张履祥《示儿》

注　释

[1] 累(lěi):连累。

[2] 检身:检点自身。

[3] 颜子:即颜回(前521—前490),字子渊,亦称颜渊。春秋末鲁国人。孔子学生。贫居陋巷,箪食瓢饮,而不改其乐。孔子赞其德行。早卒。后被封建统治者尊为"复圣"。

[4] 服膺(yīng):铭记在心。

[5] 若乃:至于。

[6] 拂:违背。

[7] 怙恶不悛(quān):坚持作恶,不肯悔改。

凡人一身[1]，只有"迁善改过"四字可靠[2]；凡人一家，只有"修德读书"四字可靠[3]。此八字者，能尽一分，必有一分之庆[4]；不尽一分，必有一分之殃[5]。其或休咎相反[6]，必其中有不诚[7]，而所谓改过修德者，不足以质诸鬼神也[8]。

〔清〕曾国藩《家书》

注　释

[1] 凡:所有,凡是。

[2] 迁善:改恶从善。

[3] 修德:行善积德。

[4] 庆:福泽。

[5] 殃:祸患,灾难。

[6] 休咎相反:善恶相反,吉凶不符。

[7] 必:必然,一定。

[8] 质:对质,验证。

外间指摘吾家昆弟过恶[1]，吾有所闻[2]，自当一一告弟[3]，明责婉劝[4]，有则改之，无则加勉[5]，岂可秘而不宣[6]？

［清］曾国藩《家书》

注　释

[1] 外间(jiān)：外边，外面。　昆弟：兄弟。

[2] 所闻：所听到的，所知道的。

[3] 自当(dāng)：自然应当。

[4] 明责婉劝：当面批评并委婉地加以劝导。

[5] 有则改之，无则加勉：有过失或缺点就改正，无则用以自勉。

[6] 秘而不宣：隐秘而不对外讲。

处
世

谦恭逊让

戒尔远耻辱[1]，恭则近乎礼。自卑而尊人[2]，先彼而后己。《相鼠》与《茅鸱》[3]，宜鉴诗人刺[4]。

［宋］范质《戒子侄诗》

注　释

[1] 远:离开,避开,远离。

[2] 自卑:犹自谦。自我谦逊。

[3]《相鼠》:《诗经》篇名。内容本是讥讽当时贵族统治者的贪浊无礼,这里用以讽刺无礼。《茅鸱》:古逸诗篇名。内容是讽刺不敬的。

[4] 宜鉴诗人刺:意思是,应以古代诗人这种讽刺作为鉴戒。

人士有与吾辈行同者[1]，虽位有贵贱，交有厚薄[2]，汝辈见之当极恭逊[3]。己虽官高，亦当力请居其下[4]，不然则避去可也[5]。

［宋］陆游《放翁家训》

注 释

[1] 行（háng）：辈分。

[2] 交：交情。

[3] 恭逊：恭敬谦逊。

[4] 居其下：指居于他们的下位。

[5] 避去：离去。

与人相处之道，第一要谦下诚实[1]。同事则勿避劳苦，同饮食则勿贪甘美，同行走则勿择好路，同睡寝则勿占床席。宁让人，勿使人让我；宁容人，勿使人容我；宁吃人亏，勿使人吃我之亏；宁受人之气，勿使人受我之气。人有恩于我，即终身不忘；人有仇于我，则即时丢过。见人之善，则对人称扬不已；闻人之过，则绝口不对人言。

［明］杨继盛《谕应尾应箕两儿》

注　释

[1] 谦下：谦逊，屈己待人。

至于邻里亲戚，无论与我家有隙无隙[1]，是亲是疏，在尔只宜尊之敬之，见面则谨执后辈礼，笑脸向人，岂可因族人背后讥笑我家，邻人曾窃我家园蔬，遇尔尊称，尔竟置之不理。枉读圣贤书，全不解"泛爱众"之义[2]。

　　　　　　　　［清］郑板桥《又谕麟儿》

注　释

［1］隙：怨恨，仇隙。

［2］泛爱众：出自《论语·学而》。意思是说与大家友爱相处。

且横逆者未尝无天良也[1]，让之既久，亦知愧悟。遇有用人之处，渠未必不能出力[2]。

［清］汪辉祖《双节堂庸训》

注　释

[1] 且：句首助词，表示提挈，相当于"夫"。

[2] 渠：他。

诚能感人,谦则受益,古今不易之理也。官厅之内[1],不可自立崖岸[2],与人不和;又不可随人嬉笑,须澄心静坐,思着地方事物之务,若有要件,更须记清原委,以便传呼对答。山城不得良幕[3],自办未为不可,但须事事留心,功过有所考验。更须将做错处,触类旁通,渐觉过少,乃有进步。微有小功,益须加勉,不可怀欢喜心[4],阻人志气[5]。

[清]聂继模《诫子书》

注　释

［1］官厅:旧时称政府机关。

［2］自立:独立。　崖岸:矜庄,孤高。

［3］山城:此指山区小镇。　幕:幕僚。古
　　　称将帅幕府中的参谋、书记之类的僚
　　　属。这里指佐助人员。

［4］欢喜心:这里指沾沾自喜。

［5］志气:此指上进心。

忍让为居家美德[1]。不闻孟子之言"三自反"乎[2]？若必以相争为胜，乃是大愚不灵，自寻烦恼。人生在世，安得与我同心者相与共处乎？凡遇不易处之境，皆能掌学问识见[3]。孟子"生于忧患""存乎疢疾"[4]，皆至言也。

[清]吴汝纶《谕儿书》

注　释

[1] 居家:治家。

[2] 三自反:出自《孟子·离娄下》:"有人于此,其待我以横逆,则君子必自反也:我必不仁也,必无礼也,此物奚宜至哉?其自反而仁矣,自反而有礼矣,其横逆由是也,君子必自反也,我必不忠。自反而忠矣,其横逆由是也,君子曰:'此亦妄人也已矣……'"意在说明,对自己虚心反省,有利于养成宽厚谨慎而又严于律己的品行,可以避免无谓的争端。

[3] 掌:通"长"。增长。

[4] 生于忧患:出自《孟子·告子下》。意思是,忧患(能激励人勤奋)使人生存发展。　存乎疢(chèn)疾:出自《孟子·尽心上》。疢疾,疾病。比喻灾患。

谨言慎行

吾欲汝曹闻人过失[1]，如闻父母之名，耳可得闻，口不可得言也。好论议人长短[2]，妄是非正法[3]，此吾所大恶也[4]。宁死不愿闻子孙有此行也。汝曹知吾恶之甚矣，所以复言者[5]，施衿结缡[6]，申父母之戒，欲使汝曹不忘之耳。

[汉] 马援《诫兄子书》

注　释

[1] 欲:希望。　汝曹:汝辈,你们。多用于长辈称后辈。

[2] 长短:是非,好坏。

[3] 妄:乱,随便。　是非:评论,褒贬。正法:政治、法度。

[4] 恶(wù):讨厌,不喜欢。

[5] 复言:(写信)又谈。

[6] 施衿(jīn)结缡(lí):本指古代女子出嫁时,父母将五彩丝绳和佩巾结于其身。后喻父母对子女的教训。

夫言语,君子之机[1]。机动物应[2],则是非之形著矣[3],故不可不慎。

[三国] 嵇康《家诫》

注　释

[1] 君子之机:君子立身处世的关键。机,事物的枢要,关键。

[2] 机动物应:关键一动,外物就会响应。

[3] 形:形貌。

行业与人，务在饶之[1]，言思乃出[2]，行详乃动[3]，皆用情实道理[4]，违斯败矣。

[三国] 王修《诫子书》

注　释

[1] "行业与人"二句：行业与人，即与人行止；饶，恕。这两句是说，与人交往做事，一定要宽恕。

[2] 言思乃出：话要经过思考才能说出来。

[3] 行详乃动：详，周详，审慎。这句是说，做事时要先经过周密的计划才能行动。

[4] 用：以，按照。

铭金人云[1]:"无多言,多言多败;无多事,多事多患。"至哉斯戒也!能走者夺其翼,善飞者减其指,有角者无上齿,丰后者无前足[2],盖天道不使物有兼焉也[3]。

[南北朝]颜之推《颜氏家训》

注　释

[1] 铭金人:刻有铭文的铜铸人像。　云:指刻在铜铸人像身上的文字。

[2] 丰后:指后腿丰满有力。

[3] 天道:指自然界变化规律。

京中浮华[1]，须立定主意[2]，不为所染[3]。盖天下惟诚朴为可久耳[4]！吾家世守寒素[5]，岂可忘本？读书见客，事事检点[6]，即学问也。

[清]陈宏谋《与四侄钟杰书》

注　释

[1] 浮华:浮靡奢华。

[2] 主意:主见。

[3] 染:习染,熏染。

[4] 诚朴:真诚朴实。

[5] 寒素:清苦俭朴。

[6] 检点:此指约束自己的言行。

事无大小，粗疏必误。一事到手，总须慎始虑终，通筹全局，不致忤人累己[1]，方可次第施行。诸葛武侯万古名臣[2]，只在小心谨慎。吕新吾先生坤《吕语集粹》曰[3]："待人三自反，处事两如何。"[4] 小心之说也。余尝书以自儆[5]，觉数十年受益甚多。

[清]汪辉祖《双节堂庸训》

注　释

[1] 忤(wǔ):违逆,触犯。　累:连累,牵连。

[2] 诸葛武侯:即诸葛亮。因刘禅继位后封
诸葛亮武乡侯,故称。

[3] 吕新吾先生坤:即吕坤,号新吾。

[4] "待人三自反"两句:系作者借用《吕语
集粹》中的句子。三自反,即多次反躬
自问;两如何,从正反两方面考虑怎
么办。

[5] 儆:告诫。

《论语》曰[1]，君子"敏于事而慎于言[2]"。我辈虽见义勇为[3]，遇事必须内度才力[4]，外审机宜[5]，尤防中途败失[6]。苟审义不精[7]，安可贸然从事[8]？

[清]周馥《负暄闲语》

注　释

[1]《论语》:儒家经典之一。共 20 篇。是孔子弟子及其再传弟子关于孔子言行的记录。

[2]"君子"句:出自《论语·学而》:"君子食无求饱,居无求安,敏于事而慎于言,就有道而正焉,可谓好学也已。"敏于事而慎于言,是说有德行的人对工作勤劳敏捷,说话却谨慎。

[3] 我辈:我等,我们。

[4] 度(duó):推测,估计。　才力:才能。

[5] 审:审察,审视。　机宜:机会,时宜。

[6] 尤:尤其,格外。

[7] 苟:假如,如果。

[8] 安:表疑问副词。怎么。　贸然:轻率的样子。

恪守诚信

吾人凡事惟当以诚，而无务虚名。朕自幼登极[1]，凡祀坛庙、礼神佛[2]，必以诚敬存心。即理事务、对诸大臣[3]，总以实心相待，不务虚名[4]。故朕所行事，一出于真诚，无纤毫虚饰[5]。

［清］爱新觉罗·玄烨《庭训格言》

注　释

[1] 登极:即皇帝位。

[2] 祀坛庙:指祭祀天坛、地坛和祖庙。

礼神佛:礼拜、供奉神与佛。

[3] 理:受理,处理。

[4] 务:追求。

[5] 纤毫:极其细微,纤小。

以身涉世，莫要于信[1]。此事非可袭取[2]，一事失信，便无事不使人疑[3]。果能事事取信于人，即偶有错误，人亦谅之。吾无他长[4]，惟不敢作诳语[5]。生平所历[6]，愆尤不少[7]，然宗族姻党[8]，仕宦交游，幸免龃龉[9]。皆曰某不失信也。

〔清〕汪辉祖《双节堂庸训》

注　释

［1］莫要:没有比……更重要。

［2］袭取:沿袭取用。

［3］疑:怀疑。

［4］长(cháng):长处。

［5］诳语:说谎话。

［6］生平:有生以来。

［7］愆(qiān)尤:过失,罪咎。

［8］姻党:犹姻族。即有姻亲关系的各家族
或其成员。

［9］龃龉(jǔ yǔ):不相投合,抵触。

孔子说[1]：“言而有信”。[2]
人的一生，这“信”字是一刻不可
离的。信从何处发端[3]？就从
言论上发端[4]。

[清]佚名《家庭谈话》

注　释

[1] 孔子(前551－前479):春秋末期思想家、教育家,儒家创始者。名丘,字仲尼。鲁国陬邑(今山东曲阜东南)人。先世是宋国贵族。少"贫且贱",及长,做过小官吏。学无常师。年五十,由鲁国中都宰升任司寇,摄行相事。后周游列国,终不见用。晚年致力教育。其所创儒家学说对后世影响极大。历代统治者一直把他尊为圣人。

[2] 言而有信:孔子的这句话出自《论语·学而》。意思是,说话要有诚信。

[3] 发端:开始。

[4] 言论:言谈,谈论。

礼贤待人

我[1]，文王之子[2]，武王之弟[3]，成王之叔父[4]，我于天下亦不贱也。然我一沐三捉发[5]，一饭三吐哺[6]，起以待士[7]，犹恐失天下之贤人。子之鲁[8]，慎无以国骄人[9]。

［周］姬旦《戒伯禽》

注 释

[1] 我:此指周公旦。西周初年政治家。周武王之弟。姬姓,名旦,亦称叔旦。因采邑在周(今陕西岐山北),故称周公或周公旦。

[2] 文王:即周文王。商末周族领袖。周公、武王之父。

[3] 武王:即周武王。西周王朝的建立者。周公之兄,名发。

[4] 成王:即周成王。武王之子,名诵。

[5] 一沐三捉发:一次沐浴多次握其已散之发。形容求贤殷切或事务繁劳。

[6] 一饭三吐哺:一顿饭之间,多次停食,以接待宾客。喻求贤殷切。

[7] 起以待士:起身接待士人。

[8] 之:到。 鲁:古国名。在今山东西南部。

[9] 慎无以国骄人:千万不要凭着国君的身份看不起人。

闻汝等学时俗人[1]，乃有坐而待客者[2]，有驱驰势门者，有轻论人恶者[3]，及见贵胜则敬重之[4]，见贫贱则慢易之[5]，此人行之大失[6]，立身之大病也……汝等若能存礼节，不为奢淫骄慢[7]，假不胜人[8]，足免尤诮[9]，足成名家。

[南北朝] 杨椿《诫子孙》

注 释

[1] 时俗人:指世上的凡夫俗子。

[2] 乃:竟然。

[3] 轻论:轻率地议论。 人恶(è):别人的
过错。

[4] 及:若,如果。 贵胜:尊贵而有权
势者。

[5] 慢易:轻慢。

[6] 行(xíng):品德,品行。

[7] 奢淫:奢侈淫逸。 骄慢:骄傲怠慢。

[8] 假不胜人:假,宽容。假不胜人,宽厚行
事而不争胜于人。

[9] 尤诮(qiào):过失与谴责。

事长当顺[1]，处友当信[2]，接人待物当诚敬有礼[3]：此不待问而知也。

[明] 黄道周《给儿鏊书》

注　释

[1] 事长（zhǎng）：侍奉长者。

[2] 处友：与朋友相处。

[3] 接人待物：即待人接物。与人相处。

愚兄平生最重农夫[1]。新招佃地人[2]，必须待之以礼。彼称我为主人，我称彼为客户，主客原是对待之义，我何贵而彼何贱乎？要体貌他[3]，要怜悯他。

〔清〕郑板桥《范县署中寄舍弟墨第四书》

注 释

[1] 愚兄：对同辈而年轻于己者的自我谦称。 平生：平素，往常。

[2] 佃(diàn)地人：指租种土地的农民。

[3] 体貌：体(體)，通"礼(禮)"。体貌，以礼相待。

居安思危

无先己私而后天下之虑[1]，无重外物而忘天爵之贵[2]，无苟一时之安而招终身之累[3]。难操而易纵者[4]，情也；难完而易毁者[5]，名也；贫贱而不可无者，节也贞也；富贵而不可有者，意气之盈也[6]。

[明] 方孝孺《家人箴》

注　释

[1] 己私:私欲。

[2] 天爵:天然的爵位。指高尚的品德修养。因德高则受人尊敬,胜于有爵位,故称。

[3] 苟:贪求。

[4] 操:掌握,控制。

[5] 完:保全。

[6] 意气:凭感情用事。

纵肆忽怠[1]，人喜其佚[2]，
孰知佚者，祸所自出。

[明]方孝孺《家人箴》

注　释

[1]纵肆忽怠：放纵、恣肆、疏忽、怠惰。

[2]佚：安逸，安乐。

凡人于无事之时[1]，常如有事而防患其未然[2]，则自然事不生。若有事之时，却如无事，以定其虑[3]，则其事亦自然消灭矣。

［清］爱新觉罗·玄烨《庭训格言》

注　释

[1] 凡：所有，凡是。

[2] 防患其未然：在祸患发生之前就加以预防。

[3] 虑：思考，谋划。

此后总从波平浪静处安身，莫从掀天揭地处着想[1]。吾亦不甘为庸庸者[2]，近来阅历万变[3]，一味向平时处用功，非委靡也[4]。位太高，名太重，不如是，皆危道也[5]。

［清］曾国藩《家书》

注　释

[1] 掀天揭地:犹言翻天覆地。比喻声势浩大或本领高强。

[2] 庸庸者:平庸的人。

[3] 阅历:经历。

[4] 委靡:颓丧,不振作。委:通"萎"。

[5] 危道:此指危险。

立志

人贵有志

　　人无志，非人也。但君子用心，所欲准行，自当量其善者，必拟议而后动[1]。若志之所之，则口与心誓，守死无贰[2]。耻躬不逮[3]，期于必济[4]。

［三国］嵇康《家诫》

注　释

[1]“君子用心”四句：这四句的大意是，君子运用他的心志，有想做的事，自然要衡量它好的方面，一定要事前筹划好而后再去做。

[2]“若志之所之”三句：这三句的大意是，如果是心里想要做到的，那么口与心要结誓，至死不二。

[3]耻躬不逮：以达不到为耻辱。

[4]期于必济：在确定的期限内成功。

夫学莫先于立志，志之不立，犹不种其根而徒事培壅灌溉[1]，劳苦无成矣。世之所以因循苟且，随俗习非[2]，而卒归于污下者，凡以志之弗立也。故程子曰[3]："有求为圣人之志[4]，然后可与共学。"

[明] 王守仁《示弟立志说》

注　释

[1] 培雍:于植物根部培土以保护其根系, 促其生长。

[2] 随俗:从俗,从众。　习非:习惯于不好 的东西。

[3] 程子:对宋代理学家程颢、程颐的尊称。 程颢(1032—1085),字伯淳,学者称道 明先生,北宋洛阳(今属河南省)人;程 颐(1033—1107),字正叔,学者称伊川 先生。兄弟二人同为北宋理学的创立 者,世称"二程"。他们的学说为朱熹继 承和发展,称为"程朱学派"。其著作收 入《二程全书》中。

[4] 求:追求。

志不立，天下无可成之事，虽百工技艺[1]，未有不本于志者。今学者旷废隳惰[2]，玩愒愒时[3]，而百无所成，皆由于志之未立耳。故立志而圣则圣矣，立志而贤则贤矣。志不立，如无舵之舟，无衔之马[4]，漂荡奔逸[5]，终亦可所底乎[6]？

［明］王守仁《教条示龙场诸生》

注　释

［1］百工:各种工匠。　技艺:指从事某一
技术工种的人。

［2］旷废:废弛,荒废。　隳(huī)惰:懈怠。

［3］玩愒(kài)时:亦称"玩愒日""玩愒
月"。贪图安逸,虚度光阴。

［4］衔(xián):马嚼子。青铜或铁制成,放
在马口内,用以勒马,控制其行止。

［5］奔逸:亦作"奔轶"。快跑。

［6］底:至,到。这里指到达目的地。

人须要立志。幼时立志为君子[1]，后来多有变为小人的[2]。若初时不先立下一个定志，则中无定向[3]，便无所不为，便为天下之小人，众人皆贱恶你[4]。你发愤立志要做个君子，则不拘做官不做官，人人都敬重你。故吾要你第一先立起志气来。

〔明〕杨继盛《谕应尾应箕两儿》

注　释

[1] 君子：泛指才德出众的人。

[2] 小人：识见浅狭的人。

[3] 中：指内心。

[4] 贱恶(wù)：轻视厌恶。

作人先立志，立志为根基[1]。人无向上志，念念入涂泥[2]。

［清］潘德兴《示儿长语》

注　释

[1]根基：基础。

[2]念念：指极短的时间。　涂泥：泥泞地。这里指人的困境。

禾儿即日要立志[1]。年十七矣，此时不立志向上，更待何时[2]？能立志，则诸病悉除[3]，更不待吾言之赘矣[4]。少壮几时[5]，忽成老大[6]。终身大事[7]，须自打算。他日始思吾言[8]，何可及也[9]！

[清] 陈确《示儿帖》

注　释

[1] 禾儿：陈确的儿子。　即日：当前，
　　现在。

[2] 更：还。

[3] 诸病：指懒惰之类的诸多毛病。

[4] 赘（zhuì）：多余。

[5] 几时：多少时候。言时间短。

[6] 老大：年纪大。

[7] 终身大事：关系一生的重要事情。

[8] 始思吾言：再开始考虑我的话。

[9] 何可及也：哪里还来得及呢？

读书做人，先要立志……立定主意[1]，念念要学好[2]，事事要学好，自己坏样一概猛省猛攻，断不许少有回护[3]，不可因循苟且[4]。务期与古时圣贤豪杰少小时志气一般[5]，方可慰父母之心，免被他人耻笑。

[清] 左宗棠《家书》

注　释

[1] 主意:主旨。这里指志向。

[2] 念念:每一个心念。

[3] 回护:袒护,庇护。

[4] 因循苟且:亦作"苟且因循"。得过且过,不求进取。

[5] 务期:一定要。　圣贤:圣人和贤人的合称。亦泛指道德才智杰出者。

"不为圣贤，便是禽兽；莫问收获，但问耕耘。"这就是古人教人立志的意思。朱子说过[1]，书不记，孰读可记[2]，义不精，细思可精；惟有志不立，真是无着力处[3]。盖人不立志[4]，万事无从说起。

[清] 佚名《家庭谈话》

注　释

[1] 朱子:对宋代朱熹的尊称。朱熹(1130－1200),南宋哲学家、教育家。字无晦,一字仲晦,号晦庵、遁翁,晚年徙居建阳考亭,又主讲紫阳学院,故亦别称考亭、紫阳,徽州婺源人。曾任秘阁修撰等职。著有《四书章句集注》等。

[2] 孰:“熟”的古字。

[3] 着力:尽力,用力。

[4] 盖:连词。承接上文,表示原因或理由。

志存高远

　　夫志当存高远[1]，慕先贤[2]，绝情欲[3]，弃疑滞[4]，使庶几之志[5]，揭然有所存[6]，恻然有所感[7]；忍屈伸，去细碎，广咨问[8]，除嫌吝[9]，虽有淹留[10]，何损于美趣[11]，何患于不济[12]。

　　　　　　　　[三国] 诸葛亮《戒外甥书》

注　释

[1] 志：志向。　高远：高尚、远大。

[2] 慕：敬仰。　先贤：前代有才德的人。

[3] 情欲：人的欲念。此指贪欲。

[4] 疑（níng）滞：受阻而停留不前。疑：通
　　　"凝"。

[5] 庶几：据《易·系辞下》载，"颜氏之子，
　　　其殆庶几乎"，颜氏之子，指颜回。后因
　　　以"庶几"借指贤才。

[6] 揭然：显露的样子。

[7] 恻然：恳切的样子。

[8] 咨问：咨询，请教。

[9] 嫌吝：嫌，厌恶，不满；吝，恨。嫌吝，憎
　　　恶，不满意。这里指怨天尤人。

[10] 淹留：隐退，屈居下位。

[11] 美趣：美好的志趣。

[12] 济：成功。

十五男儿志[1]，三千弟子行[2]。曾参与游夏[3]，达者得升堂[4]。

[唐]杜甫《又示宗武》

注　释

[1] 十五男儿志:这是杜甫写给儿子宗武的诗句。杜甫教导儿子在青年时期就要树立远大的志向,像孔子的得意门生曾参与子游、子夏那样,在承道传业上干一番大事业。

[2] 三千弟子:《史记·孔子世家》中有孔子"弟子三千"的记载。后因以"三千弟子"指孔门弟子。

[3] 曾参与游夏:指曾参与子游、子夏,他们都是孔子的得意门生。

[4] 达者:显贵的人。　升堂:即升堂入室。用以称赞在学问或技艺上的由浅入深,渐入佳境。

有志方有智[1]，有智方有志。惰士鲜明体[2]，昏人无出意[3]。兼兹庶其立[4]，缺之安所诣[5]？珍重少年人，努力天下事。

[明]汤显祖《智志咏示子》

为人父母必读·传家宝鉴（上）

注　释

[1] 有志:指立下远大的志向。　智:智慧,聪明才智。

[2] 惰士:不肯动脑筋的人。　鲜:少。明体:体,体统,规矩。明体是指对事物的新鲜见解。

[3] 昏人:不明事理的人,糊涂人。　出意:高明的见识。

[4] 兼兹:指有志向又有智慧。　庶:表示希望的语气。

[5] 安所诣:诣,到达,成功。安所诣,怎么能成功呢?

男子昂藏六尺于二仪间[1]，不奋发雄飞而挺两翼，日淹岁月，逸居无教[2]，与鸟兽何异？将来奈何为人？慎勿令亲者怜而恶者快[3]！兢兢业业，无怠夙夜[4]，临事须外明于理而内决于心[5]。钻燧之火[6]，可以续朝阳；挥翮之风[7]，可以继屏翳[8]。物固有小而益大[9]，人岂无全用哉[10]？

[明]徐媛《训子书》

注　释

[1] 昂藏（cáng）：气度轩昂。　二仪：又称"两仪"。指天地。

[2] 逸居：安居。　无教：不受教诲。

[3] 恶（wù）：厌恶。

[4] 夙（sù）夜：早晚。

[5] 内决于心：从内心做出决断。

[6] 燧（suì）：古人钻木取火的用具。

[7] 翮（hé）：鸟羽的茎。中空透明，俗称"羽管"。这里指用鸟的羽毛做成的扇子。

[8] 屏翳（bǐng yì）：古代传说中的神名，所指不一。这里指风神。

[9] 固：本来。

[10] 全用：功用齐全无遗。这里指一个人对任何事情都应该能胜任。

争目前之事,则忘远大之图[1];深儿女之怀[2],便短英雄之气[3]。

[明]吴麟徵《家诫要言》

注　释

[1]图:抱负。

[2]深:情意厚。指儿女情怀太深厚。

[3]短:缺少。

传家一卷书，惟在汝立志。凤习九千仞[1]，燕雀独相视。不饮酸臭浆，闲看旁人醉。识字识得真，俗气自远避。"人"字两撇捺，元与"禽"字异[2]。潇洒不沾泥[3]，便与天无二。

[明] 王夫之《示侄孙语》

注 释

[1] 仞：古代长度单位。七尺为一仞，一说八尺为一仞。九千仞，极言其高。

[2] 元：本来，原来。

[3] 不沾泥：是指出污泥而不染。

读书志在圣贤[1]，为官心存君国[2]。

[清] 朱柏庐《治家格言》

注　释

[1] 志：志向，志趣。　圣贤：圣人和贤人的合称。泛指道德才智杰出的人。

[2] 心存君国：心里装着君主和国家。

吾家子弟，最宜常勖以立大规模[1]，具大识见[2]，不可沾沾焉贪目前[3]，安卑近[4]。

[清]蔡世远《示长儿》

注　释

[1] 勖(xù)：勉励。　规模：规制。此指志向。

[2] 识见：见识，见解。

[3] 沾沾：自得的样子。

[4] 卑近：浅近。

要认得天生我身不是单为享福，是要做顶天立地的事业呢！行道以济时[1]，明道以教人[2]，守道以传后[3]，皆事业也。此是天地间第一等事业。我若不做，恐终无第二人去做。果尔[4]，则大负天地生我之本心矣[5]。可不惧哉[6]！此乃父之志也，汝兄弟其亦有意焉否。

[清] 牛兆谦《教子语》

注 释

[1] 行道:实践自己的主张或所学。　济:
　　有利,有益。

[2] 明道:阐明治道,阐明道理。

[3] 守道:坚守某种道德规范。

[4] 果尔:果真如此。

[5] 负:承受,担负。

[6] 可不:岂不,难道不。　惧:戒惧。

守志专一

今日强毅立志[1]，终身守此不移，盟之幽独[2]，质之鬼神[3]，则更获天人之佑助[4]，非独科名可必也[5]。

〔清〕蔡世远《示族中子弟》

注 释

[1] 强毅:刚强坚定。

[2] 盟:发誓,起誓。 幽独:独处。

[3] 质:验证。指实际行动为神灵所验证。 鬼神:鬼与神的合称。此泛指神灵。

[4] 天人:天和人。古代唯心主义学说认为,天意与人事能交感相应。天能干预人事,人的行为也能感应上天。这种唯心主义的说法已为今日的现实所否定。

[5] 科名:科举功名。

凡人做一事，便须全副精神注在此一事，首尾不懈。不可见异思迁[1]，做这样想那样，坐这山望那山。人而无恒，终身一无所成。我生平坐犯无恒的弊病[2]，实在受害不小。

［清］曾国藩《致沅弟》

注　释

[1] 见异思迁：语本《管子·小匡》。见异思迁的意思是，看见别的事物，就改变原来的主意。谓意志不坚定，喜爱不专一。

[2] 坐：因为，由于。

志患不立，尤患不坚。偶然听一段好话，听一件好事，亦知歆动美慕[1]，当时亦说我要与他一样。不过几日几时，此念就不知如何销歇去了[2]。此是尔志不坚，还由不能立志之故[3]。如果一心向上，有何事业不能做成？

[清] 左宗棠《家书》

注 释

[1] 歆（xīn）：欣喜动心。　美慕：赞美羡慕。

[2] 销歇：消失。

[3] 由：因为，由于。

汝今多病，我不忍以学业督汝，然病者身也，心志则不能病也[1]……立心坚确[2]，阴阳亦退而听命也[3]。

[清] 李鸿章《谕子侄》

注　释

[1] 心志：意气，志气。

[2] 立心：树立准则。

[3] 阴阳退而听命：阴阳，指天地，亦指天地神灵。这句的意思是，立志坚确，天地神灵都被感动得退而听命。

立志也不是空口无凭，放言高论可以当得[1]……立志要有一定的方向，不变的宗旨，抱定不离，日就月将[2]，弗得弗措[3]，久之自有达其志向之一日。

[清] 佚名《家庭谈话》

注　释

[1] 当得：做得到。

[2] 日就月将(jiāng)：每天有成就，每月有进步。形容积少成多，不断进步。

[3] 弗得弗措：没有所得就不停止。即坚持到底。

励志自强

及至冠婚[1]，体性稍定[2]；因此天机[3]，倍须训诱[4]。有志尚者[5]，遂能磨砺[6]，以就素业[7]；无履立者[8]，自兹堕慢[9]，便为凡人[10]。

［南北朝］颜之推《颜氏家训》

注　释

[1] 冠(guàn)婚：指冠礼与婚礼。此指成
年。

[2] 体性：体质性情。

[3] 因此天机：趁这个时候。

[4] 训诱：教诲诱导。

[5] 志尚：志向，理想。

[6] 遂：就，于是。　磨砺：摩擦使锐利。比
喻磨炼。

[7] 素业：清素之业。即士族所从事的儒业。

[8] 履立：操守。

[9] 堕：通"惰"。懒惰，懈怠。

[10] 凡人：平庸之辈。

志谓心志[1]，气谓血气[2]。学者若能立志以自强，则气亦从之不至于怠惰。如将帅之统率，有纪律，有号令，则士卒虽欲惰而不可得。苟心志不立，则未免为血气所使。孟子曰[3]："志者，气之帅也。"[4] 盖志强气亦强，志惰则气亦惰，如将勇则士亦勇，将惰则士亦惰也。

[宋] 真德秀《真文忠公文集》

注　释

[1] 心志：意志，志气。

[2] 血气：气质、感情。

[3] 孟子（约前 372—前 289）：名轲，字子舆，邹（今山东省邹城东南）人。战国时思想家、政治家、教育家。被认为是孔子学说的继承者，有"亚圣"之称。著有《孟子》。

[4] "志者"二句：出自《孟子·公孙丑上》。大意是，思想意志是意气感情的主帅。

山僻知县[1]，事简责轻，最足钝人志气[2]，须时时将此心提醒激发，无事寻出有事，有事终归无事。今服官年余[3]，民情熟悉，正好兴利除害。若因地方偏小，上司或存宽恕，偷安藏拙[4]，日成痿痹[5]，是为世界木偶人，无论将来不克大有所为[6]，即何以对此山谷愚民？且何以无负师门指授？

［清］聂继模《给儿书》

注　释

［1］知县：官名。旧时执掌一县政事的长官。知县之名始于唐，宋代多以中央官员为县官，结衔称某官知某县事，至明始正式用作一县长官的名称，清代相沿不改，为正七品官。

［2］钝：消磨。

［3］服官：为官，做官。

［4］偷安：只图目前的安逸，苟安。　藏拙：掩藏拙劣，不以示人。此指不做能力可及的事。

［5］瘘痹(lòu bì)：此指才智萎缩。

［6］无论：不要说。　不克：不能。

至于"倔强"二字[1]，却不可少。功业文章，皆须有此二字贯注其中，否则柔靡不能成一事[2]，孟子所谓至刚[3]，孔子所谓贞固[4]，皆从"倔强"二字做出。吾兄弟皆禀母德居多[5]，其好处亦正在倔强。若能去忿欲以养体，存倔强以励志，则日进无疆矣。

[清] 曾国藩《家书》

注　释

[1] 倔强:直傲不屈的精神。

[2] 柔靡:柔弱萎靡。

[3] 至刚:极其刚强。

[4] 孔子(前 551—前 479):春秋末期思想家、政治家、教育家,儒家的创始者。名丘,字仲尼,鲁国陬邑(今山东省曲阜东南)人。所创儒家学说对后世影响极大。历代统治者把他尊为圣人。　贞固:固守正道。

[5] 禀:承受。

谚云[1]："吃一堑，长一智。"[2]吾生平长进全在受挫受辱之时。务须咬牙厉志[3]，蓄其气而长其智[4]，切不可苶然自馁也[5]。

[清] 曾国藩《致沅弟》

注　释

[1] 谚云：俗话说。

[2] 吃一堑，长(zhǎng)一智：堑，壕沟，比喻挫折、教训。这两句的意思是，受一次挫折，长一分见识。

[3] 厉："励"的古字。磨砺。

[4] 蓄：积聚。

[5] 苶(nié)然：疲倦的样子。

男儿志在四方，世故人情[1]，皆为学问，不得不令儿早离膝下[2]，往后阅历一番[3]。

[清] 严复《与四子严璇书》

注　释

[1] 世故：世上的事情。

[2] 膝下：指父母的身边。

[3] 阅历：经历

且汝亦尝读《孟子》乎[1]？大有为者，必先苦其心志[2]，劳其筋骨，饿其体肤，空乏其身，困心衡虑之后[3]，而始能作[4]。

[清]张之洞《与儿书》

注 释

[1]《孟子》:儒家经典之一。战国时孟子及其弟子万章等著。一说是孟子弟子、再传弟子的记录。书中记载了孟子的政治活动、政治学说及其唯心主义的哲学伦理和教育思想等。

[2]"必先苦其心志"四句出自《孟子·告子下》。大意是,(大有作为的人)一定先要磨砺他的心志,劳累他的筋骨,饥饿他的身体,穷苦他的生活。

[3]困心衡虑:亦作"困心横虑"。语出《孟子·告子下》。是说心意困苦,忧虑满胸。亦指费尽心思。

[4]作:作为。

"人能咬得菜根则百事可作。"[1]盖人能吃苦[2]，自然守分[3]，自然励志向上[4]。贫可致富，贱可致贵。然不可存一丝希冀心[5]。

[清]周馥《负暄闲语》

注　释

[1]"人能"句：这句的意思是，能吃苦、吃过苦的人，什么事情都可以做成功。

[2]盖：句首语气词。无实义。

[3]守分(fèn)：安守本分。

[4]励志：奋志，集中心思致力于某种事业。

[5]希冀：希图，企图得到。

读书

读书至要

自古明王圣帝，犹须勤学，况凡庶乎！此事遍于经史，吾亦不能郑重[1]，聊举近世切要，以启寤汝耳[2]。士大夫子弟，数岁已上，莫不被教，多者或至《礼》《传》，少者不失《诗》《论》[3]。及至冠婚[4]，体性稍定[5]，因此天机[6]，倍须训诱[7]。

〔南北朝〕颜之推《颜氏家训》

注　释

[1] 伎:通"技"。

[2] 营馔(zhuàn):营治膳食。

[3] 羲、农:即伏羲氏和神农氏,中国神话传
　　说中的人物。相传,伏羲氏教民结网,
　　从事渔猎畜牧。神农氏是传说中农业
　　和医药的发明者。

[4] 生民:人民。

[5] 藏:隐藏。

[6] 隐:隐瞒。

吾尚有血诚[1]，将告于汝：吾幼乏岐嶷[2]，十岁知方[3]，严毅之训不闻[4]，师友之资尽废[5]。忆得初读书时，感慈旨一言之叹[6]，遂志于学。是时尚在凤翔[7]，每借书于齐仓曹家，徒步执卷[8]，就陆姊夫师授，栖栖勤勤[9]，其始也若此。至年十五，得明经及第[10]，因捧先人旧书于西窗下，钻仰沉吟[11]，仅于不窥园井矣[12]。如是者十年，然后粗沾一命[13]，粗成一名[14]。

〔唐〕元稹《给侄仑、郑等书》

注 释

[1] 血诚:出自内心深处的诚意。

[2] 岐嶷(nì):形容幼年聪慧。

[3] 知方:懂得礼法。

[4] 严毅:父亲严厉的训诲。

[5] 资:资助,帮助。 尽废:完全没有。

[6] 慈旨:慈母的教诲。

[7] 凤翔:秦置雍县,唐改凤翔县。

[8] 执卷:拿着书。

[9] 栖(xī)栖:忙碌不安的样子。 勤勤:
努力不倦。

[10] 明经:唐代科举制度中科目之一。

[11] 钻仰:深入研求。 沉吟:低声吟诵。

[12] 不窥园井:此指潜心读书以至无暇窥
视园圃。

[13] 沾:沾光,受益。指科举登第。 一
命:周代官阶从一命到九命。一命,泛
指最低的官阶。

[14] 粗成一名:略微成就了一点功名。

侄孙近来为学如何？恐不免趋时[1]。然亦须多读书史，务令文学华实相副[2]，期于实用乃佳。勿令得一第后[3]，所学便为弃物也。

[宋]苏轼《与元老侄孙书》

注 释

[1] 趋时：迎合潮流，迎合时尚。即"赶时髦"。

[2] 副：相称，符合。

[3] 第：科举考试的等级。

子孙才分有限，无如之何[1]，然不可不使读书[2]。贫则教训童稚[3]，以给衣食，但书种不绝足矣[4]。

〔宋〕陆游《放翁家训》

注　释

[1] 才分（fèn）：才能，天资。　无如之何：指才分没有办法改变。

[2] 然：连词。犹但是，然而。表示转折。

[3] 童稚：儿童，小孩。

[4] 书种（zhǒng）：世代相传的读书传统。

大抵富贵之家教子弟读书，固欲其取科第及深究圣贤言行之精微[1]。然命有穷达[2]，性有昏明[3]，不可责其必到，尤不可因其不到而使之废学。盖弟子知书，自有所谓无用之用者存焉。

［宋］袁采《袁氏世范》

注　释

[1] 固:本来。　取科第:争取在科举考试中得中。　精微:精深微妙。

[2] 穷达:困顿与显达。

[3] 昏明:愚昧和明智。

子弟读书，大则名就功成，小则识字明理，世间第一好事。有等昏愚父母[1]，有子不教读书，邪心野性，竟成恶人，做盗贼，犯刑宪[2]，皆由于此。几曾见明理识字之人[3]，肯为盗贼者乎？

[明]吕坤《吕新吾社学要略》

注　释

[1] 有等：有些，有的。

[2] 刑宪：刑法。

[3] 几(jǐ)曾：何曾，哪曾。

多读书则气清，气清则神正，神正则吉祥出，自天祐之。读书少则身暇[1]，身暇则邪间[2]，邪间则过恶作焉[3]，忧患及之。

〔明〕吴麟徵《家诫要言》

注　释

[1] 身暇：闲暇，无所事事。

[2] 邪间(jiàn)：品行不正的人趁机而入。

[3] 过恶(è)：错误，罪恶。

儿辈须从穷愁患难中，困心衡虑[1]，苦志读书[2]，做第一等好人，方不负我之教。平日只当闭门自守[3]，务使户庭之内[4]，肃若朝典[5]，至切！

[明] 周顺昌《给子茂兰书》

注　释

[1] 困心衡虑：形容费尽心思。

[2] 苦志：苦心。

[3] 闭门自守：闭门不出，洁身自保。

[4] 户庭：户外庭院。亦泛指门庭、家门。

[5] 朝典：朝廷大典。

读书一卷，则有一卷之益[1]；读书一日，则有一日之益。此夫子所以发愤忘食[2]，学如不及也[3]。

　　〔清〕爱新觉罗·玄烨《庭训格言》

注　释

[1] 益：进益，长进。

[2] 夫子：孔门尊称孔子为夫子，后因以特指孔子。

[3] 学如不及：孔子的这句话出自《论语·泰伯》："学如不及，犹恐失之。"意思是，学习总像赶不上似的，尚且恐怕失去什么。

镇安僻陋[1]，尔子不致染公子习气，吾无他虑，公余宜课以读书[2]，尔亦借此得与典籍相近[3]。

［清］聂继模《诫子书》

注　释

[1] 镇安：县名。在陕西省东南部，秦岭以南、汉江支流乾佑河中游，邻接湖北省。唐置安业县，明改镇安县。经济以农业为主。

[2] 公余：办理公务之余。　课：督促。

[3] 典籍：指经典书籍。　相近：接近。此指阅读典籍。

到京后宜谢绝酬应，收敛身心[1]，熟读旧文，时时涵泳[2]，按期作课[3]，勿令生疏。断不可闲游听戏，大众聚谈，荒废正业[4]。体亲心期望之殷，三年一场[5]，甚非容易，努力为之，勿自误也。

〔清〕倭仁《示曜云两侄》

注　释

[1] 收敛：敛，收拢。收敛，约束。

[2] 涵泳：深入体会。

[3] 作课：指学习的课程。

[4] 正业：指学业。

[5] 一场：指一次科场考试。

用力之要^[1]，尤在多读圣贤书^[2]，否则即易流于下^[3]。

〔清〕林则徐《家书》

注　释

[1] 用力：使用力气，花费精力。

　　要(yào)：重要之处。

[2] 尤：尤其。

[3] 流于下：即走向低级趣味。

贵在有恒

我既在京，家中诸务[1]，汝当留心照管，但不可以此废读书[2]。求其并行不悖[3]，惟有主一无适之法：当应事时[4]，则一心在事上；当读书时，则一心在书上。自不患其相妨[5]。不可怠惰[6]，亦不可过劳，须要得中。

[清] 陆陇其《给三子宸徵书》

注　释

[1] 诸务:各种事务。

[2] 废:中止。

[3] 不悖:不相冲突,没有抵触。

[4] 应事:此指处理事务之时。

[5] 不患:不用担忧,不用顾虑。　相妨:互相妨碍、抵触。

[6] 怠惰:松懈、懒惰。

善读书者，从容涵泳[1]，工夫日进[2]，而精神不疲。此不可不知。

[清] 陆陇其《给三子宸徵书》

注　释

[1] 涵泳：深入领会。

[2] 工夫：指花费时间和精力后所获得的某方面的造诣本领。　日进：一天天有长进。

学者一日必进一步，方不虚度时日[1]。人苟能有决定不移之志[2]，勇猛精进而又贞常永固[3]，毫不退转[4]，则凡技艺焉有不成者哉[5]？

[清]爱新觉罗·玄烨《庭训格言》

注　释

[1] 虚度：白白地度过。

[2] 苟：假如，如果，只要。

[3] "勇猛"句：意思是勤奋努力，勇往直前而又有恒心，不懈怠。

[4] 退转(zhuǎn)：退回，转头。

[5] 凡：所有的。　技艺：指从事的某一种技术工作。

天下事有难易乎？为之，则难者亦易矣；不为，则易者亦难矣。人之为学有难易乎[1]？学之，则难者亦易矣；不学，则易者亦难矣。吾资之昏不逮人也[2]，吾材之庸不逮人也[3]；旦旦而学之[4]，久而不怠焉[5]，迄乎成[6]，而亦不知其昏与庸也。

[清] 彭端淑《为学一首示子侄》

注　释

[1] 为学：求取学问。

[2] 资：禀赋，才质。　昏：愚钝。

　　不逮(dài)：比不上。

[3] 材：才能，才干。

[4] 旦旦：天天。

[5] 怠：懈怠，松懈。

[6] 迄(qì)乎成：迄，到。迄乎成，直到

　　成功。

（古人读书）无间断。间断之害，甚于不学[1]。有人于此，自其幼时嬉戏无度，及长，始知向学[2]，深嗜笃好[3]，人虽休吾弗休，人将卧吾弗卧，不数年便可成就。苏明允年二十七才大发愤[4]，谢其往来少年，闭户读书，卒为大儒[5]，此可证。

[清]汪帷宪《寒灯絮语》

注　释

[1] 甚：厉害，严重。

[2] 向学：立志求学，好学。

[3] 笃好(hào)：十分爱好。

[4] 苏明允：即苏洵(1009—1066)，字明允，号老泉，眉山(今属四川省)人。北宋散文家。曾任秘书省校书郎、霸州文安县主簿。与其子轼、辙合称"三苏"，旧时俱被列为"唐宋八大家"。有《嘉祐集》。相传他早年不曾读书，27 岁始发愤为学。

[5] 大儒：儒学大师。此指学问渊博的人。

学问之道无穷[1]，而总以有恒为主。兄往年极无恒，近年略好，而犹未纯熟。自七月初一起[2]，至今则无一日间断，每日临帖百字，钞书百字[3]，看书少亦须满二十页，多则不论。虽极忙，亦须了本日功课，不以昨日耽搁而今日补做，不以明日有事而今日预做……兄日夜悬望[4]，独此"有恒"二字告诸弟，伏愿诸弟刻刻留心[5]。

[清]曾国藩《家书》

注 释

[1] 道:途径。

[2] 七月初一:指道光二十四年(公元1844年)农历七月初一日。

[3] 钞:同"抄"。

[4] 悬望:盼望,挂念。此指反复思索。

[5] 伏愿:殷切希望。

季弟看书不必求多[1]，亦不必求记，但每日有常[2]，自有进境[3]。万不可厌常喜新，此书未完，忽换彼书耳[4]。

［清］曾国藩《家书》

注　释

[1] 季弟：最小的弟弟。此指曾国葆，字季洪，易名贞幹，字事恒，清末湘乡人。随曾国藩镇压太平天国起义，因功官至知府。后病死军中，谥"靖毅"。

[2] 每日有常：常，固定不变。每日有常，即每天坚持。

[3] 进境：进步的境地。

[4] 忽：副词。突然，忽然。

读书不必急求进功[1]，只要有恒无间[2]，养得此心纯一专静，自然学日进耳。[3]

［清］左宗棠《家书》

注　释

[1] 急求进功：急于求取进步的功效。即通常所说的急于求成。

[2] 有恒无间：有恒心、不间断。即持之以恒。

[3] 日进：每日都有进步。

为学之道，勿求外出，亦可成名。昔婺源王双鱼先生[1]，家贫如洗，在三十岁之前，为窑工画碗，三十岁之后，读书训蒙到老[2]，终身不应科举，著作逾百[3]，为本朝杰出名儒[4]。彼一生未拜师友，不出闾里[5]。故余所望诸弟亦如是，惟不出"恒"之一字耳。

[清]李鸿章《家书》

注　释

[1] 婺(wù)源:唐置县。在江西省东北部、安乐江上游,邻接浙江、安徽两省。

[2] 训蒙:教育儿童。

[3] 逾:超过。

[4] 本朝:指本文作者所处的朝代,即清朝。

[5] 闾(lǘ)里:乡里。

学业才识不日进则日退[1]，须随时随事留心着力为要[2]。事无大小，均有一定当然之理，即事穷理[3]，何处非学……果能日日留心，则一日有一日之长进；事事留心，则一事有一事之长进。由此日积月累，何患事业才识之不能及人也。

[清]李鸿章《家书》

注　释

[1] 才识：才能识见。

[2] 着力：尽力，用力。

[3] 即事穷理：根据事实深究它的道理。

学问之道，水到渠成[1]；但不间断[2]，时至自见[3]。

[清] 严复《与四子严璇书》

注　释

[1] 水到渠成：比喻顺着自然趋势，条件成熟，事情自然会成功。

[2] 但：只要。

[3] 至：到。

勤与朴[1]，为余处世立身之道，有恒又为勤朴之根源。余虽在军中，尚日日写字十页，看书二十页。看后，用朱笔圈批，日必了此功课为佳。偶遇事冗[2]，虽明日补书补看亦不欢。故必忙里偷闲而为之。然此策尚下，故必早起数时以为之……要汝将余方法试习之，牢记"有恒"两字，则陶侃运甓何为[3]，可以悟。

[清]彭玉麟《谕儿书》

注　释

[1] 勤与朴:勤劳与朴实。

[2] 冗:繁杂。

[3] 陶侃(259—334):字士行(或作士衡),东晋庐江浔阳人。初为县令,后至郡守、刺史。不喜饮酒、赌博,常勉人惜分阴。勤谨吏职,四十年如一日,为人所称。　甓(pì):砖。　陶侃运甓:晋裴启《语林》:"陶太尉(陶侃)既作广州,优游无事。常朝自运甓于斋外,暮运于斋内。人问之,陶曰:'吾方致力中原,恐为尔优游,不复堪事。'"说的是陶侃在无事时不愿优闲自处,早晨把砖运到斋外,晚上把砖运回斋内,以示励志勤力,不畏往复。

勤学苦读

　　顷来闻汝与诸友生讲肆书传[1]，滋滋昼夜[2]，衎衎不怠[3]，善矣！人之讲道[4]，惟问其志[5]，取必以渐，勤则得多。山溜至柔[6]，石为之穿；蝎虫至弱[7]，木为之弊[8]。夫溜非石之凿[9]，蝎非木之钻[10]，然而能以微脆之形，陷坚刚之体，岂非积渐之致乎[11]？

　　　　　　　　［汉］孔臧《给子琳书》

注　释

[1] 顷：近来。　讲肄（yì）：讲论学习，讲习。　书传（zhuàn）：书，指儒家经书；传，先儒对经书的诠释。书传，即经传典籍。

[2] 孳孳：勤勉不倦。

[3] 衎（kàn）衎：和乐，快乐。

[4] 讲道：此指研究学问。

[5] 问：看。

[6] 溜：本指屋檐上滴下的水。此指山崖上流下的水。　至：极，最。

[7] 蝎（hé）虫：木中蛀虫。

[8] 弊：坏，断。

[9] 凿：凿子。打孔、挖槽的工具。

[10] 钻（zuàn）：钻子。穿孔的工具。

[11] 致：达到。

古人勤学，有握锥投斧[1]，照雪聚萤[2]，锄则带经[3]，牧则编简[4]，亦为勤笃[5]。

〔南北朝〕颜之推《颜氏家训》

注　释

[1] 握锥:战国苏秦,读书疲倦欲睡时,则用
锥刺股。 投斧:西汉文党,进山砍柴
时,以投斧是否挂树决定自己外出求
学,结果斧挂树上,便毅然去长安读书。

[2] 照雪:东晋孙康,家贫无钱买油点灯,冬
夜常映雪读书。 聚萤:东晋车胤,家
贫无灯,夏夜则将萤火虫放在囊中取光
读书。

[3] 锄则带经:西汉兒(ní)宽,下田锄草带
着经书,休息时取出诵读。

[4] 牧则编简:西汉路温舒,牧羊时取泽中
蒲草做简,编连起来写字。

[5] 勤笃:勤奋专一。

东莞臧逢世[1]，年二十余，欲读班固《汉书》，苦假借不久[2]，乃就姊夫刘缓乞丐客刺书翰纸末[3]，手写一本，军府服其志尚[4]，卒以《汉书》闻[5]。

［南北朝］颜之推《颜氏家训》

注　释

[1] 东莞(guǎn):西汉置县,治所在今山东沂水,南朝宋移治今莒县。

[2] 苦假借不久:苦于借来的书自己不能长久阅读。

[3] 姊夫:姐姐的丈夫。　乞丐:乞求,讨要。　客刺:名帖。相当于现在的名片,不过纸幅宽大。　书翰纸末:即书札的边幅纸头。

[4] 军府:将帅的府署,指代府署的主人。　服:佩服。　志尚:志向。

[5] 卒(zú):终于,最后。

功名迟早[1]，自有天数[2]，不必强求[3]。但读书不可不勤紧[4]。孔子曰："不患莫己知，求为可知也。"[5]当常思此言[6]。

[清]陆陇其《给三子宸徵书》

注　释

[1] 功名:功业和名声。

[2] 天数(shù):迷信的人把一切不可解的事、不能抗御的灾难,都归于上天安排的命运,称为天数。

[3] 强(qiǎng)求:亦作"彊求"。勉强以求,硬要求。

[4] 勤紧:勤快。

[5] "不患"二句:出自《论语·里仁》。意思是,不怕没有人知道自己,只求自己有值得人家知道的东西。

[6] 当常思此言:应该经常地思索这两句话所包含的意义。

读书宜勤恳勿懈，看书宜细心有恒。现看《史记》[1]，颇切实用，每日规定看十页，必须自首至尾，逐句看下。有紧要处，摘录读书日记簿；有费解处，另纸摘出，求解于先生。今后若能看完《史记》[2]，明年更换他书，惟无益之小说与弹词[3]，不宜寓目[4]。

[清] 郑板桥《又谕麟儿》

注　释

[1]《史记》:原名《太史公书》,西汉司马迁撰,一百三十卷,为我国第一部纪传体通史,在文学史上亦有很高的地位。

[2]今后:从今以后。此指从现在到年底的一段时间。

[3]弹词:一种把故事编成韵语、有白有曲、以弦乐器伴唱的说唱文学形式。清代尤盛,内容多为吟唱男女恋情。

[4]寓目:过目,观看。

好读书之人自有书气[1]，外面一切嗜好不能诱之[2]。世之所贵读书寒士者[3]，以其用心苦[4]，境遇苦[5]，可观成材也[6]。若读书不耐苦，则无所用心之人[7]；境遇不耐苦，则无所成就之人。

[清] 左宗棠《家书》

注　释

[1] 书气:儒雅的风度。

[2] 嗜好(hào):喜好,特殊的爱好。今多指不良的爱好。　诱:引诱,诱惑。

[3] 寒士:魏、晋、南北朝时称出身寒微的读书人。后多指贫苦的读书人。

[4] 用心苦:指读书而言。

[5] 境遇苦:指身为寒士的处境。

[6] 可观成材也:指达到很高的成材程度。

[7] 无所:表示否定,不必明言或不可明言的人或事物。

陶桓公有云[1]:"大禹惜寸阴,吾辈当惜分阴。"[2]韩文公云[3]:"业精于勤而荒于嬉。"[4]凡事皆然,不仅读书。而读书更要勤苦,何也?百工技艺及医学、农学均是一件事,道理尚易通晓。至吾儒读书,天地民物莫非己任[5],宇宙古今事理均须融澈于心[6],然后施为有本[7]。人生读书之日最是难得,尔等有成与否[8],就在此数年上见分晓。

[清] 左宗棠《家书》

注　释

[1] 陶桓公：即陶侃。卒谥"桓"，人称陶桓公。

[2] "大禹"二句：出自《晋书·陶侃传》。

[3] 韩文公：即韩愈(768—824)。唐代文学家、哲学家。字退之，河南河阳(今河南孟州市西)人，自谓郡望昌黎，世称"韩昌黎"。曾任国子博士、刑部侍郎，卒谥"文"。为古文运动倡导者之一，被列为"唐宋八大家"之首。有《昌黎先生集》。

[4] "业精"句：语出韩愈《进学解》。大意是，学业的精进在于勤奋，而荒废在于游乐。

[5] "天地民物"句：意思是，天文、地理、民情、物态没有不是我们应当知晓的。

[6] 融澈：融会贯通。

[7] 施为：作为。

[8] 尔等：你们。

尝谓士贵立志,何患名令之不彰[1],何患家运之不兴[2]。曩昔风灯夜读[3],蒸粥自励[4],何尝忘怀。汝勿邀承余荫[5],便而骄纵。

[清]彭玉麟《谕儿书》

注　释

[1] 名令:指名声。　彰:显扬。

[2] 家运:家庭的运数。　风灯夜读:在有罩能防风的灯下读书。比喻苦读。

[3] 曩(nǎng)昔:往日,从前。

[4] 蒸粥自励:即范仲淹画粥勤学苦读的故事。

[5] 邀承:求取,承接。　余荫:比喻前辈惠及子孙的恩泽。

读书须要朝夕用功，埋头发愤，不可偷闲懒惰。古时，车胤囊萤读书[1]，孙康映雪读书[2]……这等都是贫苦读书，后来俱成显宦[3]。

[清]陆钓川《家庭直讲》

注 释

[1] 车胤囊萤读书：东晋人车胤家贫无灯，夏夜将萤火虫放在袋中取光读书。后将"囊萤"作为勤苦攻读之典。

[2] 孙康映雪读书：东晋人孙康，家贫好学，冬夜常映雪读书。后以"映雪"用为勤学苦读之典。

[3] 俱：全部，都。 显宦：高官，达官。

熟读精思

读书以百遍为度[1]，务要反复熟嚼，方始味出[2]，使其言皆若出于吾之口，使其意皆若出于吾之心，融会贯通[3]，然后为得。如未精熟，再加百遍可也，仍要时时温习。若功夫未到，先自背诵，含糊强记，终是认字不真，见理不透，徒敝精神[4]，无益学问。

[明] 何伦《何氏家规》

注　释

[1] 百:泛指多。　度:限度。

[2] 味:旨趣,意义。

[3] 融会贯通:把各方面的知识或道理掺和在一起,从而得到全面透彻的理解。

[4] 徒敝:敝,破烂。此可引申为耗损。徒敝,白白耗费。

读书必以精熟为贵。我前见你读《诗经》《礼记》[1]，皆不能成诵。圣贤经传[2]，与滥时文不同[3]，岂可如此草草读过？此皆欲速而不精之故。欲速是读书第一大病。工夫只在绵密不间断[4]，不在速也。能不间断，则一日所读虽不多，日积月累，自然充足，若刻刻欲速，则刻刻做潦草工夫，此终身不能功之道也。

〔清〕陆陇其《示子弟帖》

注 释

[1]《诗经》:中国最早的诗歌总集。儒家经
典之一。编成于春秋时代,共三百零五
篇。分为风、雅、颂三大类。 《礼记》:
亦称《小戴记》或《小戴礼记》。儒家经
典之一。秦汉以前各种礼仪论著的选
集。相传由西汉戴圣编纂,今本为东汉
郑玄注本。

[2] 圣贤:泛称道德才智杰出者。

[3] 滥时文:时文,时下流行的文体,旧时对
科举应试文体的通称。明清时特指八
股文。滥时文,指私刻滥印的八股文。

[4] 绵密:此指读书认真细致。与上文“草
草读过”相对。

汝读书，要用心，又不可性急。"熟读精思，循序渐进"，此八个字，朱子教人读书法也[1]，当谨守之[2]。

［清］陆陇其《示子弟帖》

注　释

[1] 朱子:指朱熹(1130—1200)。南宋哲学家、教育家。字元晦,一字仲晦,号晦庵、遁翁,晚年徙居建阳考亭,又主讲紫阳学院,故亦别号考亭、紫阳。徽州婺源(今属江西省)人。曾任秘阁修撰等职。为南宋理学集大成者,著有《四书章句集注》《周易本义》《诗集传》《通鉴纲目》,后人辑有《晦庵先生朱文公文集》《朱子语类》等。

[2] 谨守:谨慎守持。

凡书，目过口过，总不如手过。盖手动则心必随之。虽览诵二十遍[1]，不如抄撮一次之功多也[2]。况必提其要[3]，则阅事不容不详；必钩其玄[4]，则思想不容不精。若此中更能考究同异[5]，剖断是非[6]，而自纪所疑[7]，附以辨论[8]，则浚心愈深[9]，着心愈牢矣。

[清]李光地《谕儿》

注　释

[1] 览诵:阅读,诵读。

[2] 撮:摘取。　功:作用。

[3] 提其要:摘抉它的要义。

[4] 钩其玄:探取它的精微。

[5] 考究:考索研究。

[6] 剖断:分析。

[7] 纪:同"记"。

[8] 辨论:辨析论证。

[9] 浚:疏浚,疏解。

读书以过目成诵为能，最是不济事。眼中了了[1]，心下匆匆[2]，方寸无多[3]，往来应接不暇，如看场中美色，一眼即过，与我何与也？千古过目成诵，孰有如孔子者乎？读《易》至韦编三绝[4]，不知翻阅过几千百遍来，微言精义[5]，愈探愈出，愈研愈入，愈往而不知其所穷。

[清] 郑板桥《潍县署中寄舍弟墨第一书》

注 释

[1] 了了:明白,清楚。

[2] 匆匆:恍惚。

[3] 方寸:指心。

[4] 《易》:《周易》的简称。亦称《易经》。儒家重要经典之一。相传为周朝人所作。内容包括《经》和《传》两部分。《经》主要是六十四卦和三百八十四爻。又有卦辞、爻辞说明卦、爻,旧传文王作辞。《传》包括解释卦辞、爻辞的文辞十篇,统称《十翼》,旧传为孔子作。据近人研究,并非出自一时一人之手。 韦编三绝:韦,熟牛皮;韦编,古代用竹简写书,用牛皮绳把竹简编联起来,叫"韦编";三绝,断了三次。韦编三绝,据《史记·孔子世家》载,孔子晚年反复阅读《易经》,竟使穿书简的皮绳断了多次。后以"韦编三绝"为读书勤奋、刻苦治学之典。

[5] 微言精义:精微的言辞,深奥的含义。

求业之精，别无他法，曰专而已矣。谚曰："艺多不养身。"谓不专也。吾掘井多而无泉可饮，不专之咎也[1]。诸弟总须力图专业……若志在穷经[2]，则须专守一经；志在制义[3]，则须看一家文稿；志在作古文[4]，则须看一家文集。作各体诗亦然，作试帖亦然[5]。万不可以兼营并鹜[6]，兼营则必一无所能矣。

[清] 曾国藩《家书》

注 释

[1]咎:过失。

[2]穷经:极力钻研经籍。

[3]制义:亦作"制艺"。即八股文。

[4]古文:原指先秦两汉以来用文言写的散
体文,相对六朝骈体而言。后则相对科
举应用文体而言。

[5]试帖:唐以来科举考试中采用的一种诗
歌体裁,多用五言六韵,有一定的程式。

[6]骛(wù):追求。

穷经必专一经，不可泛骛[1]。读经以研寻义理为本[2]，考据名物为末[3]。读经有一"耐"字诀：一句不通，不看下句；今日不通，明日再读；今年不精，明年再读。此所谓耐也。读史之法，莫妙于设身处地。每看一处，如我便与当时之人酬酢笑语于其间[4]……经以穷理，史以考事，舍此二者，更别无学也。

[清] 曾国藩《家书》

注 释

[1] 骛:追求。

[2] 研寻:研究探索。 义理:讲求儒家经义的学问。

[3] 考据:也称"考证"。指对古籍的文字音义及古代名物典章制度等进行考核辨证。 名物:事物的名称、特征等。

[4] 酬酢(zuò):交际往来。

吾以为欲读经史，但当研究义理[1]，则心一而不纷[2]。是故经则专守一经，史则专熟一代，读经史则专主义理。此皆守约之道[3]，确乎不可易者也[4]。

[清] 曾国藩《家书》

注　释

[1] 义理：指讲求儒家经义的学问。后称宋以来之理学为义理之学。

[2] 心一：心绪专一。　纷：纷繁杂乱。

[3] 守约：简易可行。

[4] 易：替代。

凡读书有难解者，不必遽求甚解[1]。有一字不能记者，不必苦求强记，只须从容涵吟[2]。今日看几篇，明日看几篇，久久自然有益。

[清]李鸿章《家书》

注　释

[1] 遽(jù)求：急于求得。

[2] 涵吟：深入体会诵读。

经传精义奥旨[1]，初学固不能通，至于大略粗解，原易明白。稍肯用心体会，一字求一字下落，一句求一句道理，一事求一事原委；虚字求其神气[2]，实字测其义理[3]，自然渐有所悟。一时思索不得，即请先生解说，一时尚未融渐[4]，即将上下文或别章别部义理相近者反复推寻，务期了然于心，了然于口，始可放手。

[清]左宗棠《家书》

注 释

[1] 经传(zhuàn):儒家典籍经与传的统称。传是阐释经文的著作。　精义:精深微妙的义理。　奥旨:即要旨。主要的旨趣、意思。

[2] 神气:这里指虚字在具体的语言环境中所表达的语气作用。

[3] 测:揣度。　义理:意义。

[4] 融渐:融,融会;渐,疏导,引申为通达。融渐,融会贯通。

《朱子家训》内[1]，有"子孙虽愚，经书不可不读"，兄意亦然。兄少时从徐明经游[2]，常告读经之法：穷经必专一经，不可泛骛[3]。读经以研寻义理为本，考据名物为末，读经有一"耐"字诀：一句不通，不看下句；今日不通，明日再读；今年不精，明年再读；此所谓"耐"也。弟亦不妨照此行之。经学之道，不患不精焉。

[清]李鸿章《家书》

注 释

[1]《朱子家训》:指宋代理学大师朱熹的家训。

[2]游:外出求学。

[3]泛骛(wù):即追求全面广泛的阅读,不能目标专一。

余前遇曾师[1]，尝语用功譬若掘井[2]，与其多掘数井而皆不及泉，何若老守一井[3]，力求及泉而及之不竭乎[4]？吾弟之病，病在掘井太多而皆不及泉。此后勿求博杂，当求专一……吾弟知之，务必打起精神，专攻一经，专治一学，随时随地以"艺多不养身"自勉，以曾师"掘井太多"为炯戒[5]，则事无不成矣！

［清］彭玉麟《致弟论修养方法》

注　释

［1］曾师:指曾国藩.

［2］尝:副词。曾经。

［3］何若:何如,哪里比得上。

［4］竭:穷尽。

［5］炯(jiǒng)戒:明显的鉴戒或警戒。

学以致用

训曰[1]:"徒学知之未可多[2],履而行之乃足佳。"[3]故学者所以饰百行也[4]。

[汉]孔臧《与子琳书》

注 释

[1] 训:古训。

[2] 徒学知之未可多:徒,仅仅;多,称赞。
  这句的意思是,仅仅学习知道了道理还
  不值得称赞。

[3] 履而行之乃足佳:佳,赞赏。这句话的
  意思是,只有身体力行了才值得称道。

[4] 学者:做学问的人,求学的人。 饰百
  行:提高多方面的品行。

夫所以读书学问，本欲开心明目[1]，利于行耳。未知养亲者，欲其观古人之先意承颜[2]，怡声下气[3]，不惮劬劳[4]，以致甘腝[5]，惕然惭惧，起而行之也。

[南北朝] 颜之推《颜氏家训》

注　释

[1] 开心：开启心智。　明目：提高认识力。

[2] 先意：揣摩父母的意旨。　承颜：顺承父母的脸色。

[3] 怡声：说话声音和悦。　下气：呼吸不出声。表示极其恭顺。

[4] 惮(dàn)：怕。　劬(qú)：劳苦。

[5] 甘腝(ér)：鲜美柔软的食物。

读书做人，不是两件事。将所读之书，句句体贴到自己身上来[1]，便是做人的法，如此，方叫得能读书人。若不将来身上理会[2]，则读书自读书，做人自做人，只算做不曾读书的人。

[清]陆陇其《示大儿定徵》

注　释

[1]体贴:附会。

[2]将来:拿来。

古人教人读书，是欲其将圣贤言语身体力行，非欲其空读也。凡日间一言一动[1]，须自省察[2]，曰："此合于圣贤之言乎？不合于圣贤之言乎？"苟有不合[3]，须痛自改易[4]，如此方是真读书人。

[清]陆陇其《示三儿宸徵》

注　释

[1] 日间：白天。

[2] 省（xǐng）察：检查，内省。

[3] 苟：假如，如果，只要。

[4] 改易：改动，变更。

士不学[1]，不足为士；学不变化气质，不足为学[2]。张子曰[3]：“有气质之性，善反之则天地之性存。”

［清］赵清藜《给弟书》

注　释

[1] 士：指读书人。

[2] “学不变”二句：意思是，读了书，而不按照书中义理改变自己的气质，就没有资格研讨学问。

[3] 张子：子，古代对老师的尊称。张子，即张先生。

不耻下问

夫君子学以立名[1]，问则广智[2]，是以居则安宁[3]，动则远害[4]。

〔战国〕孟母《断织劝学》

注　释

[1] 立名：树立名声。此指获得功名地位。

[2] 问则广智：在学习中勤问是为了增长智慧。

[3] 是以：因此，所以。

[4] 动：此指出仕做官。　远（yuàn）害：避开祸患。

读书勿怠[1]，凡一义一字不知者，问人检籍[2]，不可一"且"字放在胸中[3]。

〔清〕傅山《家训》

注 释

[1] 怠：懈怠，懒惰。

[2] 问人：向别人请教。　检籍：翻检文献。

[3] "不可"句：且，姑且，暂且。这句的意思是，不可以存疑的方式姑且放在胸中。

孔子云："知之为知之，不知为不知。"[1]朕自幼即如此。每见高年人[2]，必问其已往经历之事而且记于心，决不自以为知而不访于他人[3]。

[清] 爱新觉罗·玄烨《庭训格言》

注　释

[1]"知之"二句：出自《论语·为政》。大意是，知道的就说知道，不知道的就说不知道。

[2] 高年：老年人。

[3] 访：访问，求教。

趁此少壮精神、宽闲岁月[1]，勤学好问，广览博闻，求为国家有用之才[2]。

［清］倭仁《示曜云两侄》

注　释

[1] 少(shào)壮：年轻力壮。　精神：指精力充沛。

[2] 求：谋求。

人能立志勤学，随处皆得师资[1]。如闻人一善言一善行，皆当谨记参悟[2]。即其人不足取，而言可为法[3]，亦默取之[4]。

[清] 周馥《负暄闲语》

注　释

[1] 师资：可以效法或可以引以为戒的人和事。

[2] 参悟：领会。

[3] 法：效法。

[4] 默：暗暗。　取：听从。这里是效法的意思。

珍惜分阴

光阴可惜[1]，譬诸流水[2]。

［南北朝］颜之推《颜氏家训》

注　释

[1] 可惜:应予爱惜。

[2] 譬诸:譬之于,譬如。

时秋和雨霁[1]，新凉入郊墟[2]。灯火稍可亲，简编可卷舒[3]。岂不旦夕念[4]，为你惜居诸[5]。

[唐] 韩愈《符儿读书城南》

为人父母必读·传家宝鉴（上）

注　释

[1] 时秋：季节到了秋天。　　和雨：细雨。
　　霁(jì)：雨止天晴。

[2] 新凉：指初秋凉爽的天气。　　郊墟：郊外。

[3] "灯火"二句：简编，指书籍；卷舒，卷起
　　与展开。这两句大意是，你要在秋夜的
　　灯光下翻展书卷加紧阅读。

[4] 旦夕：比喻短时间内。即时间短暂。
　　念：爱怜。

[5] 居(jū)诸：《诗·邶风·柏舟》中有"日居
　　月诸，胡迭而微"的诗句。据孔颖达疏：
　　"居、诸者，语助也。"后用以借指日月、
　　光阴。

阿冕今年已十三[1]，耳边垂发绿鬖鬖[2]。好亲灯火研经史[3]，勤向庭闱奉旨甘[4]。衔命年年巡塞北[5]，思亲夜夜梦江南[6]。题诗寄汝非无意，莫负青春取自惭[7]。

［明］于谦《示冕》

注 释

[1] 阿冕:于谦的儿子于冕,字景瞻,明代浙江钱塘(今浙江省杭州市)人。承荫授副千户,坐戍龙门。父于谦因"谋逆罪"遭诛杀。于冕屡上书讼父冤。父冤昭雪,改兵部员外郎,累迁至应天府尹。

[2] 绿:乌黑发亮的颜色。用以形容鬓发。鬖(sān)鬖:形容头发美。

[3] 好(hào)亲:亲近。此指挑灯苦读。

[4] 庭闱(wéi):内舍。多指父母居住处。这里代指父母。 奉:进献。 旨甘:即甘旨。美味的食品。

[5] 衔命:奉命。 巡:巡防。 塞北:指长城以北。这里指北方边疆。

[6] 梦江南:因作者于谦原籍浙江钱塘(今杭州市),故有"梦江南"之说。

[7] "莫负"句:意思是,(要珍惜时间读书)不要辜负了大好的青春时光,将来自我惭愧。

得掷且掷即今日^[1]，人生百岁驹过隙^[2]。

［清］魏源《读书吟示儿耆》

注　释

[1] 掷:投。引申为奋斗。

[2] 驹过隙:即"驹光过隙"的省略。驹光，指短暂的光阴。驹过隙，指光阴易逝。

一刻千金[1]，切不可浪掷光

阴[2]。

[清]曾国藩《家书》

注　释

[1]一刻千金:短暂的时间价值千金。比喻

　　时间极其宝贵。

[2]浪掷:虚掷。指浪费(光阴)。

吾生少失学[1]，垂老方知悔[2]。展转力就衰[3]，炳烛思晓起[4]。努力爱景光[5]，汝曹从此始[6]！

［清］李果《示两儿》

注　释

[1] 少:指幼时。

[2] 垂老:将近老年。　方:才。

[3] 展转:同"辗转"。翻来覆去的样子。此
指辗转之间精力就不充足了。

[4] 炳烛:燃烛照明。此指老而好学。据
《说苑·建本》载:"少而好学,如日出之
阳;长而好学,如日中之光;老而好学,
如炳烛之明。"　晓:天亮。

[5] 景光:指光阴。

[6] 汝曹:你们。

过一年添一岁[1]，小的今长了一岁[2]，老的今老了一岁[3]，尔勿错过了光阴[4]。

〔清〕周馥《负暄闲语》

注　释

[1] 添:增加。

[2] 小的(de):小孩子,少年。

[3] 老的(de):老年人。

[3] 尔:你。　勿:不要。　光阴:时间,岁月。

"一起成长"家庭阅读系列

为人父母必读·传家宝鉴（全三册）

教养子女必备·启蒙宝鉴（全三册）

封面题字：刘运峰

策划编辑：田　睿　万富荣

责任编辑：万富荣

封面设计：周桐宇

"一起成长"家庭阅读系列

为人父母必读·传家宝鉴

中

夏家善　编著

南开大学出版社
天　津

中册目录

治家 ···················· 263

  居家贵和 ·············· 264

  勤俭持家 ·············· 280

  理家有序 ·············· 300

  量入为出 ·············· 310

  积贮适度 ·············· 321

  完粮纳税 ·············· 326

教子 ···················· 337

  养子必教 ·············· 338

  教始孩提 ·············· 348

  教子从严 ·············· 364

  德教为本 ·············· 378

  教子习劳 ·············· 394

教以报国 ·················· 399

施教有方 ·················· 410

睦亲 ·························· 425

孝顺父母 ·················· 426

孝事公婆 ·················· 442

兄友弟恭 ·················· 452

夫妇之伦 ·················· 469

妯娌和睦 ·················· 480

友邻 ·························· 487

敦睦乡邻 ·················· 488

邻里相助 ·················· 494

从师 ·························· 499

择师必慎 ·················· 500

聘重德才 ·················· 507

尊师为要 ·················· 510

治家

居家贵和

吾，楚国之小子耳[1]，而早丧所天[2]，为二兄所诱养[3]，使其性行不随禄利以堕[4]，但今贫耳。贫非人患[5]，惟和为贵。

[三国] 向朗《诫子遗言》

注　释

[1] 吾，楚国之小子：作者向朗为襄阳宜城人，襄阳古时属楚国，故云。

[2] 天：指所依存或所依靠的，如民以食为天。旧时即以之为君、父及夫的代称。此指向朗父母。

[3] 诱养：教导抚养。

[4] 性行（xíng）：本性与行为。　禄：利禄。　堕：通"惰"。懈怠。

[5] 患：忧虑，担心。

处家之法[1]，妇女须能[2]。以和为贵，孝顺为尊[3]。翁姑嗔责[4]，曾如不曾[5]。上房下户[6]，子侄宜亲。是非休习[7]，长短休争[8]。从来家丑，不可外闻[9]。

[唐] 宋若莘《女论语》

注　释

[1] 处家:治家。

[2] 能:胜任,能做到。

[3] 尊:尊贵。

[4] 翁姑:丈夫的父母。即公婆。　嗔责:
因不满而责怪。

[5] 曾不如曾:意思是不因受到责怪而怨恨
公婆。

[6] 上房下户:指大伯子、小叔子诸家。

[7] 休习:不多嘴,不谈论。

[8] 长(cháng)短:长处和短处。

[9] 外闻:让外人听见。

兄弟子侄同居，长者或恃其长[1]，陵轹卑幼[2]，专用其财[3]，自取温饱，因而成私。簿书出入不令幼者预知[4]，幼者至不免饥寒，必启争端。或长者处事至公，幼者不能承顺，盗取其财，以为不肖之资，尤不能和。若长者总持大纲，幼者分干细务[5]，长必幼谋[6]，幼必长听[7]，各尽公心，自然无争。

［宋］袁采《袁氏世范》

注 释

[1] 恃:依仗。

[2] 陵轹(lì):欺压,欺蔑。陵:通"凌"。

卑幼:指晚辈年龄幼小者。

[3] 专:独断。

[4] 簿书:记录财物出纳的簿册。 出入:

指财物的收入与支出。

[5] 细务:小事。

[6] 长(zhǎng)必幼谋:长辈一定要为晚辈

打算。

[7] 幼必长听:晚辈一定要听从长辈的。

盖未有治国不由齐家[1]，家不齐而求治国，无此理也。何谓齐家？不争田地，不占山林，不尚争斗，不肆强梁[2]，不败乡里[3]，不凌宗族[4]，不扰官府[5]，不尚奢侈[6]，弟让其兄，侄让其叔，妇敬其夫，奴恭其主，只要认得一忍字、一让字，便齐得家也。其要在子弟读书与礼让[7]。

[明] 罗伦《戒族人书》

注　释

[1] 不由:不用,不自。　齐家:治家。

[2] 肆:放纵。　强梁:勇武强横。

[3] 败:败坏,祸害。

[4] 凌:欺压。

[5] 扰:搅扰。

[6] 尚:崇尚。

[7] 要:重要之处,根本之处。　礼让:守礼谦让。

兄弟间偶有不相惬处[1]，即宜明白说破，随时消释，无伤亲爱。看大舜待傲象[2]，未尝无怨无怒也，只是个不藏不宿[3]，所以为圣人。今人外假怡怡之名[4]，而中怀仇隙[5]，至有阴妒仇结而不可解[6]，吾不知其何心也？

[明] 姚舜牧《药言》

注　释

[1] 惬:快心。

[2] 大舜:对舜的尊称。　象:舜的弟弟,为
　　　人蛮横,经常对舜无理,舜能隐忍善待
　　　而感化他。

[3] 藏(cáng):隐藏。　宿:隐含。

[4] 怡怡:指兄弟和睦。

[5] 中:内心。

[6] 阴妒:暗中妒忌。

和睦之道，勿以言语之失，礼节之失，心生芥蒂[1]。如有不是[2]，何妨面责[3]，慎勿藏之于心，以积怨恨。

［清］王夫之《丙寅岁寄弟侄》

注　释

[1] 芥蒂：比喻积在心中的怨恨、不满或不快。

[2] 不是：错误，过失。

[3] 何妨：不妨。　面责：当面进行批评。

兄弟姒娣[1]，总不可有半点不和之气。凡一家之中，"勤敬"二字能守得几分，未有不兴；若全无一分，未有不败。"和"字能守得几分，未有不兴；不和未有不败者。诸弟试在乡间将此三字于族戚人家历历验之[2]，必以吾言为不谬也[3]。

［清］曾国藩《家书》

注　释

[1] 姒(sì)娣：古人称兄妻为姒，弟妻为娣，后称妯娌。

[2] 族戚：家族和亲戚。

[3] 谬：谬误，差错。

兄弟之间情文交至[1]，妯娌承风[2]，毫无乖异[3]，庶几能支门户矣[4]。时时存一倾覆之想，或可保全[5]；时时存一败裂之想，或免颠越[6]，断不可恃乃父[7]，乃父无可恃也。

[清] 左宗棠《家书》

注　释

[1] 情文交至:此指兄弟间感情与言语要一致。

[2] 承风:承接以上(指兄弟之间情文交至的)好风气。

[3] 乖异:背离,不一致。

[4] 庶几:差不多。

[5] 保全:保护使不受损害。

[6] 颠越:坠落,废失。

[7] 乃父:你的父亲。

治家贵和，固也[1]。然和字最不易言。聚父子、母女、兄弟、姊妹于一室，其势必能和睦，何也？以其有天性存也[2]。若聚婆媳、妯娌、姑嫂于一室[3]，其势必不能和睦，何也？以其本无天性之亲也。……吾家聚族而居，均无间言[4]，骨肉和睦[5]，至可欣慰。然吾弟从中维持之苦，亦从可知矣。

〔清〕胡林翼《致枫弟书》

注　释

[1] 固:原本,本来。

[2] 天性:此指天然的血缘关系。

[3] 姑嫂:女子与其兄弟的妻子的合称。

[4] 间(jiàn)言:离间的话。

[5] 骨肉:比喻至亲,指父母兄弟子女等
　　亲人。

勤俭持家

　　营家之女[1]，惟俭惟勤[2]。勤则家起，懒则家倾。俭则家富，奢则家贫。凡为女子，不可因循[3]。一生之计[4]，惟在于勤；一年之计，惟在于春；一日之计，惟在于寅[5]。

　　　　　　　　［唐］宋若莘《女论语》

注　释

［1］营家:经营家业,管家过日子。

［2］惟:副词。相当于"只有"。

［3］因循:拖沓,怠惰。

［4］计:计虑,考虑。

［5］寅:古代用以计时的十二辰之一,相当
于凌晨三时至五时。

夫俭者，守家第一法也[1]。故凡日用奉养，一以节省为本，不可过多，宁使家有赢余，毋使仓有告匮[2]。且奢侈之人，神气必耗[3]，欲念炽而意气自满[4]，贫穷至而廉耻不顾，俭之不可忽也若是夫[5]。

［宋］叶梦得《石林治生家训要略》

注　释

[1] 守家:守住家业,保住家业。

[2] 匮:空乏。

[3] 神气:精神气息。　耗(mào):通"眊"。
昏乱不明。

[4] 欲念:欲望。

[5] 若是:如此,这样。　夫:句末助词。表
感叹或疑问。

我家盛名清德[1]，当务俭素[2]，保守门风[3]，不得事于泰侈[3]。

[宋] 王旦《戒子弟》

注 释

[1] 清德：高洁的品德。

[2] 俭素：俭省朴素。

[3] 门风：犹家风。指家庭或家族的传统风尚或作风。

[4] 事：从事。这里是追求的意思。 泰侈：奢侈。

丰俭随其财力则不为之费[1]；不量财力而为之，或虽财力可办而过于侈靡[2]，近于不急[3]，皆妄费也[4]。年少主家事者宜深知之[5]。

［宋］袁采《袁氏世范》

注　释

[1] 丰俭：丰裕与贫俭。

[2] 侈靡：奢侈浪费。

[3] 不急：不切需要。

[4] 妄费：乱花费。

[5] 年少(shào)：年轻。

人家用度皆可预计[1]，惟横用不可预计[2]。若婚嫁之事，是闲暇时[3]，子弟自能主张[4]；若乃丧葬[5]，仓卒之际[6]，往往为浮言所动[7]，多至妄用[8]，以此为孝。世俗之见切不徇[9]，则当随家丰俭也。

[宋] 倪思《岁计》

注　释

[1] 人家:指家庭。

[2] 横用:妄用,不加节制地使用。

[3] 闲暇:悠闲从容。指有充分的准备。

[4] 主张:做主。

[5] 若乃:至于。用于句子开头,表示另起
　　一事。

[6] 仓卒(cù):匆忙急迫。

[7] 浮言:无根据的话。

[8] 妄用:随便乱用。

[9] 徇:顺从,依从。

由俭入奢易，由奢入俭难。饮食衣服，若思得之艰难，不敢轻易费用。酒肉一餐，可办粗饭几日；纱绢一匹，可办粗衣几件。不馋不寒[1]，足矣，何必图好吃好着[2]？常将有日思无日，莫待无时思有时[3]，则子子孙孙常享温饱矣。

〔明〕周怡《勉谕儿辈》

注 释

[1] 不馋不寒：此指有饭吃有衣穿。

[2] 着（zhuó）：穿。

[3] 待：等待，等到。

勤者，女之职[1]；俭者，富之基[2]。勤而不俭，枉劳其身；俭而不勤，甘受其苦。俭以益勤之有余[3]，勤以补俭之不足。若夫贵而能勤，则身劳而教以成；富而能俭，则守约而家日兴[4]。

［明］刘氏《女范捷录》

注 释

［1］职：职责。

［2］基：事物的根本。

［3］益：补助，补益。

［3］守约：保持俭朴的品德。

一粥一饭，当思来之不易[1]；半丝半缕，恒念物力维艰[2]。

［清］朱柏庐《治家格言》

注　释

[1] 当思：应当想到。

[2] 恒念：经常想到。　维艰：犹艰难。

余言："佐治、学治[1]，皆以勤为本。"治家亦然[2]……谚曰："男也勤，女也勤，三餐茶饭不求人。女也懒，男也懒，千亩万亩终讨饭。"盖谚也[3]，而深于道矣。

[清] 汪辉祖《双节堂庸训》

注　释

[1] 佐治：佐幕者治理政事。　学治：即"治学"。指做学问。

[2] 亦然：也是这样。

[3] 盖：句首语气词。

勤，固男子之职，而妇人尤其。米薪琐屑、日用百须[1]男子止能总计大纲[2]；一切筹量赢绌[3]，随时督察，惟妇人是倚[4]。妇人不知操持，必多无益之费。谚有云："盐瓶跌倒醋瓶翻"。一无收束，安能不至千创百孔，甚至贷假、典质[5]，以饰男子观听[6]。往往饶富之户[7]，室已屡空，而主人尚不自知。极于无可补苴[8]，男子亦难自主[9]。故治家之道，先须教妇人以勤。

[清] 汪辉祖《双节堂庸训》

注　释

[1] 琐屑:细碎(之事)。

[2] 止:只,仅。

[3] 筹量:筹算。　赢绌(chù):有余和
　　不足。

[4] 倚:依靠。

[5] 贷假:借贷。　典质:用实物作抵押。

[6] 饰:掩饰。　观听:即视听。

[7] 饶富:富饶,富余。

[8] 极:到极点。　补苴(jū):补缀。

[9] 自主:自己做主。

人家无论有无[1]，皆当勤苦节俭[2]，节俭非勤苦人不知[3]。

[清] 郑珍《母教录》

注　释

[1] 人家：家庭。

[2] 皆：全，都。　当(dāng)：应当，应该。

[3] 非：不，不是。　知：晓得，了解。

勤俭自持[1]，习劳习苦，可以处乐[2]，可以处约[3]，此君子也[4]。余服官二十年[5]，不敢稍染官宦气习[6]，饮食起居，尚守寒素家风，极俭也可，略丰也可，太丰则吾不敢也。

[清]曾国藩《曾文正公家训》

注　释

[1] 自持：自我克制。

[2] 处乐(lè)：过享乐富有的生活。

[3] 处约：过俭朴节约的生活。

[4] 君子：泛指才德出众的人。

[5] 服官：做官。

[6] 官宦：泛指官员。

自俭入奢[1]，易于下水[2]；
由奢反俭[3]，难于登天[4]。

[清]曾国藩《遗嘱》

注 释

[1] 入：趋于(某种状况)。

[2] 易于下水：像水往下流一样容易。

[3] 反：通"返"。返回。

[4] 难于登天：难得像升天一样。

尔等奉母在寓[1]，总以"勤俭"二字自惕，而接物出以谦慎。凡世家不勤不俭者，验之于内眷而皆露[2]。余在家深以妇女之奢逸为虑[3]，尔二人立志撑持门户[4]，亦宜自端内教始也[5]。

[清] 曾国藩《谕曾纪泽、曾纪鸿》

注　释

[1] 尔等：你们。　奉：侍奉，侍候。

[2] 验：检验，考查。　内眷：妻室儿女。

[3] 奢逸：奢侈逸乐。

[4] 撑持：支持，支撑。

[5] 端：开端。　内教：封建时代对妻室儿女的训教。

尔为家督[1]，须率诸弟及弟妇加意刻省[2]，菲衣薄食[3]，早作夜思，各勤职业。撙节有余[4]，除奉母外润赡宗党[5]，再有余则济穷乏孤苦。其自奉也至薄，其待人也必厚。

[清] 左宗棠《家书》

注 释

[1] 家督：指长子。

[2] 刻省(shěng)：减省。

[3] 菲衣薄食：衣服单薄食物粗劣。形容贫苦俭约。

[4] 撙(zǔn)节：节省，节约。

[5] 润赡：周济资助。

家中须节用为先[1]，每日食用，须有限制，轻用不节[2]，其害百端[3]。又切不可鄙吝为心[4]，凡义所应用，不可有一毫吝心也[5]。自家用度，即纸笔油盐，以至微物，皆以爱惜，宜用处则不然。

〔清〕蔡世远《寄示长儿》

注　释

[1] 节用：节省费用。

[2] 轻用不节：轻易使用不加节制。

[3] 百端：多种多样。言其害之多。

[4] 鄙吝：过分爱惜钱财。

[5] 吝心：吝啬的想法。

理家有序

凡为子女，习以为常；五更鸡唱[1]，起著衣裳；盥洗已了[2]，随意梳妆。拣柴烧火，早下厨房；靡锅洗镬[3]，煮水煎汤；随家丰俭，蒸煮食尝。安排蔬菜，炮豉舂姜[4]；随时下料，甜淡馨香。整齐碗碟，铺设分张[5]；三餐饭食，朝暮相当。侵晨早起[6]，百事无妨。

[唐] 宋若莘《女论语》

注　释

[1] 五更:旧时计时,分一夜为五更,又称五鼓、五夜。此指第五更,即黎明时分。

[2] 了(liǎo):完毕。

[3] 靡:通"摩"。摩擦。这里是刷洗的意思。　镬(huò):古时指无足的鼎。这里指锅。

[4] 炮豉(chǐ):指制作豆豉,即将豆类煮熟发酵制成调味佐料。　舂(chōng):用杵臼捣。

[5] 分张:本指分配。这里是摆放的意思。

[6] 侵晨:天刚亮时,拂晓。

凡为女子，不可因循[1]。一生之计[2]，惟在于勤。一年之计，惟在于春。一日之计，惟在于寅[3]。奉箕拥帚[4]，洒扫灰尘。撮除邋遢[5]，洁静幽清[6]。眼前爽利[7]，家宅光明。莫教秽污，有玷门庭[8]。

[唐] 宋若莘《女论语》

注　释

[1] 因循:拖沓,怠惰,闲散。

[2] 计:计划,打算,考虑。

[3] 寅:十二时辰之一,相当于凌晨三时至五时。

[4] 奉(pěng)箕拥帚:奉,通"捧"。奉箕拥帚,指从事家内洒扫之事。

[5] 撮除邋遢:邋遢,脏东西、脏地方。此句指用簸箕把垃圾收集起来。

[6] 幽清:幽雅清新。

[7] 爽利:利落。

[8] 玷(diàn):玷污。

内外房堂门巷及椅桌[1]，俱每日黎明扫除拂拭。若门庭芜秽[2]，几案纵横[3]，此衰家之兆也[4]。各令轮流打扫，不许推托有辞。

[明]庞尚鹏《庞氏家训》

注　释

[1] 内外房堂门巷:泛指房屋的里里外外。

[2] 门庭:家门,门户。

[3] 纵横:杂乱的样子。

[4] 衰家:家境衰落。　兆:征兆。

黎明即起，洒扫庭除[1]，要内外整洁；既昏便息[2]，关锁门户，必亲自检点[3]。

[清]朱柏庐《治家格言》

注　释

[1] 庭除：庭院。

[2] 昏：天将黑之际。

[3] 检点：查点。

一家之中，天合人合[1]，气味不同[2]，刚克柔克[3]，性情亦异，惟受尊长约束，方能画一。不然，妯娌以贫富相耀[4]，姑嫂以疏戚生嫌[5]，儳焉不可终日矣[6]。

[清]汪辉祖《双节堂庸训》

注　释

[1] 天合人合,天合,指亲属之间的关系;人
　　合,指妯娌之间的关系。天合人合,泛
　　指家庭成员之间的关系。

[2] 气味:意趣和情调。

[3] 刚克柔克:以刚制胜,以柔和之道治事。

[4] 妯娌:兄、弟之妻的合称。

[5] 姑嫂:女子与其兄弟之妻的合称。　疏
　　戚:亲戚关系的远近。

[6] 儳(chàn)焉:不安宁的样子。

我兄弟五人，无一人肯整齐好收拾者，亦不是勤俭人家气象[1]。以后宜收拾完整[2]。可珍之物固应爱惜[3]，即寻常器件亦当汇集品分[4]，有条有理。竹头木屑，皆为有用，则随处皆取携不穷也[5]。

[清] 曾国藩《家书》

注 释

[1] 气象：气派，气度。

[2] 完整：干净、利索、有条不紊。

[3] 可珍之物：贵重的东西。

[4] 品分：依类别分开。

[5] 取携：拣取。

诸弟不好收拾洁净，比我尤甚[1]，此是败家气象[2]。嗣后务宜细心收拾[3]，即一纸一缕、竹头木屑[4]，皆宜捡拾伶俐[5]，以为儿侄之榜样。

［清］曾国藩《家书》

注 释

[1] 尤：尤其，格外。

[2] 败家：谓使家族、家庭破落。

[3] 嗣后：以后。　务：一定。

[4] 缕：此指绳、线之类的东西。

[5] 伶俐：整齐干净。

量入为出

　　凡为家长，必谨守礼法，以御群子弟及家众[1]，分之以职，授之以事，而责其成功。制财用之节，量入以为出，称家之有无[2]，以给上下之衣食及吉凶之费，皆有品节[3]，而莫不均一。裁省冗费[4]，禁止奢华，常须稍有赢余，以备不虞[5]。

　　　　　　　　　　［宋］司马光《涑水家仪》

注　释

［1］御:管理,治理。

［2］称(chèn)家之有无:根据家中财力(而
　　　行事)。

［3］品节:指等级。

［4］冗(rǒng)费:浮费,不必要的开支。

［5］不虞:意料不到。

其田畴不多[1]，日用不能有余，则一味节啬[2]，裘葛取诸蚕织[3]，墙屋取诸蓄养[4]，杂种蔬菜，皆以助用。不可侵过次日之物[5]，若一日侵过，无时可补，则便有废家之渐[6]，当谨戒之[7]。

[宋]陆九韶《居家制用》

注　释

[1] 田畴:泛指田地。

[2] 节啬:节省,节俭。

[3] 裘葛:裘,冬衣;葛,夏衣。裘葛,泛指四
　　季衣服。　　蚕织:蚕桑和纺织。

[4] 墙屋:房屋。这里指修缮房屋。　　蓄
　　养:饲养。此指家庭饲养的畜类。

[5] 侵过:提前使用。

[6] 废家:导致家庭衰败。　　渐:事物发展
　　之开端。

[7] 谨戒:敬慎戒惧。

富家有富家行，贫家有贫家计。量入为出[1]，则不至乏用矣；用常有余[2]，则可以为意外横用之惜矣[3]。

[宋]李之彦《岁计》

注 释

[1]量入为出：根据收入确定支出的理财原则。

[2]用常：按照家庭的正常情况支出。

[3]横用：意外的用项，突然的用项。 惜：疑为"措"字之误。

凡租入[1]，预计税粮岁需几何[2]，民壮岁需几何[3]，水夫岁需几何[4]，均平徭役[5]，十年之需，一年几何，皆预储以备。

[明]霍韬《霍渭厓家训》

注　释

[1] 租入：租税收入。

[2] 税粮：元、明两代征收米、麦等实物的赋税。

[3] 民状：旧时被征服役的壮丁。

[4] 水夫：纤夫、船工、挑水工等人员。

[5] 徭役：古代官方规定的平民（主要是农民）成年男子在一定时期内或特殊情况下所承担的一定数量的无偿社会劳动。名目繁多而苛严。

置岁入簿一扇[1]，凡年中收受钱谷，挨顺日月，逐项明开[2]，每两月结一总数，终年经费，量入以为出，务存盈余[3]，不许妄用[4]。

〔明〕庞尚鹏《庞氏家训》

注　释

[1] 一扇：指岁入簿中的一张。

[2] 明开：明白开列。

[3] 务：务必，一定。

[4] 妄：胡乱，随便。

懒记帐籍[1]，亦是一病[2]，奴仆因缘行奸[3]，子孙猜疑成隙[4]，皆繇于此[5]。

［明］温璜《温氏母训》

注　释

[1] 帐籍：账簿。

[2] 病：弊端。

[3] 因缘：借这个机会。　行(xíng)奸：做欺诈邪恶的事。

[4] 隙：怨恨纷争。

[5] 繇(yóu)：通"由"。

凡家有田畴足以赡给者[1]，亦当量入为出[2]。然后用度有准[3]，丰俭得中[4]，安分养福[5]，子孙常守[6]。

[清]爱新觉罗·玄烨《庭训格言》

注 释

[1] 赡给：供给。

[2] 量入为(wéi)出：此指根据自己家庭收入的数额来确定支出数额的家庭财产管理原则。

[3] 用度：费用，开支。

[4] 得中：适当，适宜。

[5] 安分(fèn)：规矩老实守本分。

[6] 常守：素常尊行。

不惟寒素之家用财以节[1]，幸处丰泰[2]，尤当准入量出[3]。一日多费十钱，百日即多费千钱，"不节若则嗟若"[4]。富家儿一败涂地，皆由不知节用而起。

[清] 汪辉祖《双节堂庸训》

注　释

[1] 寒素：门第卑微又无官爵。后泛指家境贫寒的人。

[2] 丰泰：家资丰富。

[3] 准入量出：依据收入的多少来控制支出情况。

[4] 不节若则嗟若：出自《易经·节卦》。意思是，不能节制，于是嗟叹伤悔。

儒者以治生为要[1]，一切不善[2]，多由于贫。至于贫而能坚守不失[3]，非有大学问不能，莫如未穷时[4]，先防其穷。防之道如何？曰勤、曰俭、曰量入以为出。

〔清〕焦循《里堂家训》

注　释

[1] 儒者：尊崇儒学、通习儒家经书的人。汉以后泛指一般读书人。　治生：经营家业，谋生计。

[2] 不善：指不好的境况。

[3] 不失：指不失掉家业。

[4] 莫如：不如。

积贮适度

国无九岁之储[1]，不足备水旱[2]；家无一年之服[3]，不足御寒温[4]。

[唐] 李世民《帝范》

注　释

[1] 岁：年，一年为一岁。　储：指储存的粮食或其他物资。

[2] 水旱：水灾和旱灾。

[3] 服：衣服等御寒物品。

[4] 御：防备。

租谷上仓[1]，除供岁用及差役外，每年仅存十分之二，固封积贮[2]，以备凶荒[3]。如出除易新[4]，亦须随宜补处[5]。

［明］庞尚鹏《庞氏家训》

注　释

[1] 租谷：租米。

[2] 积贮：积聚储存。

[3] 凶荒：灾害饥荒。

[4] 出除易新：此指取出旧谷装入新谷。

[5] 随宜：犹随即。立即，马上。　补处：此指补足取出的量。

假若八口之家，能勤能俭，得十口赀粮[1]；六口之家，能勤能俭，得八口赀粮，便有二分余剩，何等宽舒[2]！何等康泰[3]！

[明] 温璜《温氏母训》

注　释

[1] 赀（zī）粮：泛指钱财粮食。

[2] 宽舒：宽松。

[3] 康泰：安乐太平。

古人尝言："三年耕，必有一年之积；九年耕，必有三年之积。"此先事预防之至计[1]，所当讲求于平日者。近见小民蓄积匮乏，一遇水旱，遂至难支[2]。此皆丰稔之年[3]，粒米狼戾，不能储备之故也。国计若是[4]，家计亦然。

[清] 爱新觉罗·玄烨《庭训格言》

注　释

[1] 至计：最好的计划、办法。

[2] 难支：难以应对，难以支持。

[3] 丰稔(rěn)：犹丰熟。即丰收。

[4] 若是：如此，这样。

人不能一日而无用[1]，即不可一日而无财。然必留有余之财而后可供不时之用[2]，故节俭尚焉。夫财犹水也，节俭犹水之蓄也。水之流不蓄，则一泄无余，而水立涸矣[3]；财之流不节，则用之无度，而财立匮也[4]。

[清] 爱新觉罗·胤禛《圣谕广训》

注 释

[1] 用：财用，费用。

[2] 不时：随时，临时。

[3] 涸(hé)：枯竭。

[4] 匮：穷尽，空乏。

完粮纳税

　　凡有家产，必有税赋[1]，须是先截留输纳之资[2]，却将赢余分给日用[3]。岁入或薄，只得省用，不可侵支输纳之资。临时为官中所迫[4]，则举债认息，或托揽户兑纳而高价算还[5]，是皆可以耗家。大抵曰贫曰俭自是贤德，又是美称，切不可以此为愧。若能知此，则无破家之患矣。

［宋］袁采《袁氏世范》

注　释

［1］税赋:赋,土地税。此指各种赋税。

［2］先裁留输纳之资:先将应输送交纳给国家的税赋部分留出。

［3］却:再。　日用:日常应用。

［4］临:到。

［5］揽户:承揽缴纳租税的人家。

纳税虽有省限[1]，须先纳为安。如纳苗米[2]，若不趁晴早纳，必欲拖后，或值雨雪连日，将如之何[3]……惟乡曲贤者自求省事[4]，不以毫末之较遂愆期也[5]。

[宋]袁采《袁氏世范》

注 释

[1] 省限:明确的时间限定。

[2] 纳苗米:缴纳漕运供应京师的税粮。宋朝叫"苗米",清朝叫"漕运"。

[3] 如之何:怎么办。

[4] 乡曲:家乡,故里。

[5] 毫末之较:微小的计较。毫末,毫毛的尖,形容极小。 愆(qiān)期:过期。

早完钱粮[1]，谨守门户[2]。

[明]吴麟徵《家诫要言》

注　释

[1] 完:缴纳(赋税)。　钱粮:指田赋。旧
　　时田赋,或征粟帛,或折征银钱,或二者
　　并征,因称。

[2] 谨守:谨慎守持。

国课早完[1]，即囊橐无余[2]，自得其乐[3]。

[清]朱柏庐《治家格言》

注　释

[1] 国课：犹国赋。即国家规定的赋税。

[2] 囊橐（tuó）：此指盛粮食的袋子。小曰橐，大曰囊。亦借指粮仓、粮库。

[3] 自得其乐（lè）：自己体会到其中的乐趣。

早完官税[1]，不得付托匪人[2]，致有侵隐[3]；及贪小利[4]，寄他人田于户上[5]，致稽国赋[6]。

[清] 蒋伊《蒋氏家训》

注　释

[1] 官税:官府所征收的赋税。

[2] 匪人:行为不端的人。

[3] 侵隐:侵吞、隐瞒。

[4] 及:至,到达。这里是达到的意思。

[5] 寄他人田于户上:这句话的意思是,将别人的田地寄放在自己户头上。这是为少交税耍的小手段。

[6] 致稽国赋:致,招致;稽,留也,减少。致稽国赋,使国税减少了。

国课早完[1]，民之职也。黠者、疲者[2]，率属户书捵搁[3]，不即依限完纳[4]。究之延欠，不过半年，终须全完[5]。先费贿托之资[6]，后受差追之忧[7]，是谓至愚。

[清]汪辉祖《双节堂庸训》

注 释

[1] 国课:国税。

[2] 黯(àn)者:心神沮丧的人,身心不健康的人。 疲者:困苦穷乏的人。

[3] 率属(zhǔ):通常托付。 户书:相当于现在的"户口簿"。古时由吏部掌管,用以稽查人口,征课赋税,调派劳役。此处指管理"户口簿"的人。 捺搁:搁置,扣压。

[4] 依限:按照期限。

[5] 全完:全部缴纳。

[6] 贿托:以私赠财物为手段请托于人。

[7] 差追:差役追索。

我县新官加赋我家[1]，不必答言[2]，任他加多少，我家依而行之。

［清］曾国藩《家书》

注　释

[1] 赋：指田地应上缴税收。

[2] 不必答言：即不必说什么。

教子

养子必教

吾见世间，无教而有爱，每不能然[1]；饮食运为[2]，恣其所欲[3]，宜诫翻奖[4]，应诃反笑[5]，至有识知[6]，谓法当尔[7]。骄慢已习[8]，方复制之[9]，捶挞至死而无威[10]，忿怒日隆而增怨[11]，逮于成长[12]，终为败德。孔子曰："少成若天性，习惯如自然"是也[13]。

[南北朝] 颜之推《颜氏家训》

注 释

[1] 不能然:不能这样。

[2] 运为:行为。

[3] 恣:任凭。

[4] 翻:通"反"。反而。

[5] 诃:大声斥责,责骂。

[6] 有识知:有辨别认知能力,即懂事。

[7] 谓法当尔:当尔,应当如此。谓法当尔,
   认为事理应当如此。

[8] 慢:怠慢。

[9] 制:制止,管制。

[10] 挞(tà):用鞭或杖责打。　威:尊严。

[11] 忿:同"愤"。　隆:深。

[12] 逮(dài):等到。　成长:长成。

[13] "少成"二句:少成,从小养成的习惯;
   天性,人出生就具有的本性。这两句
   的意思是,从小养成的习惯就像天性,
   习惯了也就成为自然的了。

上智不教而成[1]，下愚虽教无益[2]，中庸之人[3]，不教不知也[4]。

[南北朝]《颜氏家训》

注　释

[1] 上智：上等智慧，绝顶聪明。

[2] 下愚：愚笨至极。

[3] 中庸之人：才智平常的人。

[4] 不知：不懂得道理。

人之爱子，罕亦能均[1]；自古及今，此弊多矣。贤俊者自可赏爱[2]，顽鲁者亦当矜怜[3]。有偏宠者，虽欲以厚之，更所以祸之。

［南北朝］颜之推《颜氏家训》

注　释

[1] 罕:少。　均:同样。这里有一视同仁的意思。

[2] 赏爱:赏识喜爱。

[3] 矜怜:怜悯,同情。

凡人不能教子女者，亦非欲陷其罪恶[1]；但重于诃怒伤其颜色[2]，不忍楚挞惨其肌肤耳[3]。当以疾病为谕[4]，安得不用汤药针艾救之哉[5]？又宜思勤督训者[6]，可愿苛虐于骨肉乎[7]？诚不得已也[8]。

[南北朝] 颜之推《颜氏家训》

注　释

[1] 陷:使……陷入。

[2] 但:只,仅仅。　　重:难,不愿意。　　颜
色:脸面。

[3] 楚:打人的荆条。　　挞:打。

[4] 谕:比喻,打比方。

[5] 针艾:针灸和艾灼。用针具刺,用艾草
熏灼穴位。

[6] 宜:应该。　　思:想一想。

[7] 可愿:岂愿。　　苛虐:苛刻地对待,虐
待。　　骨肉:骨和肉。比喻至亲。

[8] 诚:确实。

子孙所为不肖[1]，败坏家风，仰主家者集诸位子弟堂前训饬[2]，俾其改过[3]。甚者，影堂前庭训[4]，再犯再庭训。

［宋］赵鼎《家训笔录》

注　释

[1] 不肖：不贤。

[2] 仰：仰承。　训饬(chì)：教训戒勉。

[3] 俾：使。

[4] 影堂：即家庙。其中供奉祖先遗像。

后生才锐者[1]，最易坏，若有之，父兄当以为忧，不可以为喜也。切须常加简束[2]，令熟读经子，训以宽厚恭谨，勿令与浮薄者游处[3]。如此十许年，志趣自成。不然，其可虑之事，盖非一端。

〔宋〕陆游《放翁家训》

注　释

[1] 才锐：才气过人。

[2] 简束：通过书信加以约束。

[3] 游处：交游，来往。

业儒、力田之家[1]，世世清白，相承亦复不易[2]。数传十百人中[3]，有一不肖子[4]，即可门第之辱。固由积之不厚[5]，亦因教之不先[6]。故欲后嗣贤达[7]，非教不可。

[清]汪辉祖《双节堂庸训》

注　释

[1] 业儒:以儒学为业。　力田:用力于田。此指从事农业生产。

[2] 相承:递相承袭。

[3] 数(shuò):屡次,多次。

[4] 不肖子:不成器的儿子。

[5] 积:积蓄,积德。

[6] 教之不先:没有把教育(后代)放在首要地位。

[7] 后嗣:后代,子孙。

教始孩提

古者，圣王有胎教之法[1]：怀子三月，出居别宫，目不邪视，耳不妄听，音声滋味[2]，以礼节之[3]。书之玉版，藏诸金匮[4]。生子咳提[5]，师保固明[6]，孝仁礼义，导习之矣。凡庶纵不能尔[7]，当及婴稚[8]，识人颜色[9]，知人喜怒，便加教诲，使为则为[10]，使止则止[11]。比及数岁[12]，可省笞罚[13]。父母威严而有慈，则子女畏慎而生孝矣[14]。

　　［南北朝］颜之推《颜氏家训》

注　释

[1] 圣王:古指德才超群达于至境之帝
王。　胎教(jiào):孕妇谨言慎行,心
情舒畅,给胎儿以良好影响,谓之
胎教。

[2] 音声:音乐。　滋味:美味。

[3] 节:节制。

[4] 匮(guì):同"柜"。

[5] 咳嗯(hái tí):亦写作"孩提"。幼儿。

[6] 师保:古时担任教导贵族子弟的官,有
师、有保,统称师保。

[7] 凡庶:普通人,平民。　尔:如此,这样。

[8] 婴稚:幼年。

[9] 颜色:面容。

[10] 为:做,干。

[11] 止:停歇。

[12] 比及:及至,等到。

[13] 笞(chī)罚:拷打责罚。

[14] 畏慎:戒惕谨慎。

人生小幼，精神专利[1]，长成已后[2]，思虑散逸，固须早教，勿失机也。吾七岁时，诵《灵光殿赋》[3]，至于今日，十年一理[4]，犹不遗忘；二十之外，所诵经书，一月废置[5]，便至荒芜矣[6]。

[南北朝]颜之推《颜氏家训》

注　释

[1] 专利：专一，集中于一点。

[2] 已后：已，同"以"。已后，即"以后"。

[3]《灵光殿赋》：西汉宗室鲁恭王建有灵光
殿，经战乱，到东汉时巍然独存。东汉
王延寿为此写了《鲁灵光殿赋》，现存
《文选》中。

[4] 理：此指温习书本。

[5] 废置：搁置。

[6] 荒芜：田地不理而杂草丛生。这里引申
为对书本生疏。

人有数子，饮食、衣服之爱，不可不均一[1]；长幼尊卑之分[2]，不可不严谨；贤否是非之迹[3]，不可不分别。幼而示之以均一，则长无争财之患；幼而责之以严谨，则长无悖慢之患[4]；幼而教之以是非分别，则长无为恶之患。今人之于子，喜者其爱厚，而恶者其爱薄，初不均平，何以保其他日无争！

［宋］袁采《袁氏世范》

注　释

[1] 均一:均匀无别。

[2] 尊:尊贵,地位高。　卑:卑贱,地位低下。

[3] 贤否(pǐ):否,邪恶。贤否,好和坏。

[4] 悖慢:违礼不敬,悖理傲慢。

人之生，自吮乳拥襁时[1]。饱暖之欲，固已不学而同然也。及智虑渐开[2]，则利欲渐侈，理义之性[3]，汩没于其中[4]，非有教诲以觉悟之，则与禽兽无异。夫教诲觉悟者，必于童蒙之时[5]，此父兄之责也，顾非所望于凡民[6]，则士大夫之责也。

[明] 赵南星《教家二书序》

注　释

［1］吮(shǔn)：用嘴吸。褓(ōu)：围在小儿
颈上的涎衣。

［2］智虑：智谋。亦指智慧与思虑。

［3］理义：道理与正义。

［4］汩没：沉溺。

［5］童蒙：年幼无知的儿童。

［6］顾：发语词,无义。

父天母地，天施地生[1]；骨气像父[2]，性气像母[3]。上古贤明之女有娠[4]，胎教之方必慎[5]。故母仪先于父训[6]，慈教严于义方[7]。

[明] 刘氏《女范捷录》

注　释

[1] 天施地生:语出《易经·益卦》。大意是,上天施降利惠,大地受益化生。

[2] 骨气:气概,气质。

[3] 性气:性情脾气。

[4] 有娠:怀孕。

[5] 方:方法。

[6] 母仪:人母的仪范。　父训:父亲的训导和教诲。

[7] 慈教:慈母的教诲。　义方:行事应遵守的规范和道理。这里是说教子有好的方法。

孩提之时，天性未漓[1]，当先固其真性[2]，断不可导以詈人。闻詈人则呵止之，使有忌惮。若詈及人之父母者，万为损福，万不宜姑恕[3]。他如扑打虫豸之类[4]，虽细事，总干天和[5]，须明白戒禁[6]，养其慈祥之气。至拜跪仪节[7]，亦当随事教导，则受敬行乎自然矣。

[清] 汪辉祖《双节堂庸训》

注　释

［1］天性:天然的特性,天真的本性。　漓:
　　同"离"。丧失。

［2］真性:天性,本性。

［3］姑恕:姑息宽恕。

［4］虫豸(zhì):小虫的通称。

［5］干:冲犯。　天和(hé):指自然祥和
　　之气。

［6］戒禁:警戒禁止。

［7］仪节:礼节。

当于童稚时，即导以善端[1]。童稚无善可为，但节其嗜好[2]，正其爱恶[3]，使之习大驯顺[4]，不敢分毫恣纵[5]，自然由幼至长，渐渐恶念少而善念多，可为树德之基[6]。

[清] 汪辉祖《双节堂庸训》

注 释

[1] 善端:善言善行的端始。

[2] 节:节制。　嗜好:喜好,爱好。本指对
　　食物而言,后凡是喜好而成习惯者均称
　　为嗜好。

[3] 正:使……正。　爱恶(wù):喜爱与
　　厌恶。

[4] 习:习性。　驯顺:顺从。

[5] 恣纵:放任不羁,任意而行。

[6] 树德:树立高尚的品德。

略省人事[1]，无不爱吃、爱穿、爱好看。极力约制，尚虞其纵[2]；稍一徇之[3]，则恃为分所当然[4]。少壮必至华奢，富者破家，贵者逞欲[5]。宜自幼时，即杜其渐，不以姑息为慈。

[清] 汪辉祖《双节堂庸训》

注　释

[1] 省（xǐng）：懂得。

[2] 虞：戒备，怕。　纵：放纵。

[3] 徇：曲从，顺从，放纵。

[4] 分（fēn）：本分。

[5] 逞欲：大肆放纵私欲。

吴诗出（母）口授[1]，故尤缠绵于心[2]。吾方壮而独游，每一吟，宛然幼小依膝下时[3]。

［清］龚自珍《忆母授诗》

注 释

[1] 吴诗：指清代诗人吴梅村的诗。

[2] 尤：尤其，特别。

[3] 宛然：仿佛，很像。

教子从严

侃少为寻阳县吏[1]，尝监鱼梁[2]，以一坩鲊遗母[3]。湛氏封鲊及书[4]，责侃曰："尔为吏[5]，以官物遗我，非惟不能益吾，乃以增吾忧矣。"

[晋] 湛氏《封鲊教子》

注 释

[1] 侃:即陶侃(259－334),字士行(或作士衡),东晋庐江寻阳(今江西九江)人。初为县吏,后官至荆、江二州刺史,都八州诸军事。他勤慎史职,四十年如一日;常勉人惜分阴。 寻阳:西汉置县。治所在今湖北省黄梅西南,东晋咸和中移治今江西省九江市西。义熙八年(412年)废入柴桑县。

[2] 监鱼梁:监,掌管,主管;鱼梁,截水流以捕鱼的设施。监鱼梁,即做鱼梁吏。

[3] 坩(gān):盛物的陶器,如缸瓮之类。鲊(zhǎ):用腌、糟等方法加工的鱼类食品。 遗(wèi):给予,送给。

[4] 湛氏:陶侃之母。晋豫章新淦(今江西省清江县)人。教子颇有见识,历代视为贤母。

[5] 尔:你

我即死[1]，欲有言，恐悲哭不得尽，故一诀耳[2]。我见房玄龄、杜如晦、高季辅皆辛苦立门户[3]，亦望诒后[4]，悉为不肖子败之。我子孙今以付汝[5]，汝可慎察[6]，有不厉言行、交非类者[7]，急榜杀以闻[8]，毋令后人笑吾，犹吾笑房、杜也。

[唐]李勣《遗言教子》

注　释

[1] 即死:快要死了。

[2] 诀:诀别。此时李勣病危,其弟李弼赶来省视。李勣命奏乐宴饮,列子孙于庭下。宴饮快结束时,把教育子孙的事托付给他。

[3] 房玄龄(579—648):唐初大臣。　杜如晦(585—630):唐初大臣。　高季辅:唐蓨(今河北省景县)人,名冯。以孝闻。

[4] 诒(yí)后:传之后代。

[5] 汝:指李弼。李勣的弟弟。

[6] 慎察:留心审察。

[7] 不厉言行:不约束自己的言行。　交非类:指与坏人交往。

[8] 榜(bēng)杀:榜,古代刑法之一,指杖击或鞭打。榜杀,鞭笞致死。　闻:向君主报告。

后世子孙仕宦[1]，有犯赃滥者[2]，不得放归本家[3]；亡殁之后[4]，不得葬于大茔之中[5]。不从吾志[6]，非吾子孙[7]。

［宋］包拯《包孝肃公家训》

注 释

[1] 仕宦:做官。

[2] 赃滥:滥,贪。赃滥,贪污受贿。

[3] 本家:老家。

[4] 亡殁:死亡。

[5] 大茔:坟墓。此指祖坟。

[6] 不从吾志:不听从我的意愿。

[7] 非:不,不是。

包拯的这则家训告诫子孙,做官必须廉洁,如果有受贿、贪污,生不承认是包家人,死不得葬进包家祖坟。包拯的这种清正廉洁、杜绝吏奸的做法,为历代所传颂。

近蒙圣恩除门下侍郎[1]，举朝嫉者何可胜数[2]？而独以愚直之性处于其间[3]，如一黄叶在烈风中，几何不危坠也[4]！是以受命以来[5]，有惧而无喜。汝辈当识此意[6]，倍须廉恭退让，不得恃赖我声势[7]，作不公不法，搅扰官司[8]，侵陵小民[9]，使为乡人所厌苦[10]，则我之祸皆起于汝辈，亦不如人也。

［宋］司马光《与侄书》

注 释

[1] 蒙:敬辞。承,承蒙。 除:任命,受职。 门下侍郎:官名。秦以后称黄门侍郎。唐天宝初改为门下侍郎,为门下省长官。宋时同平章事,即宰相。

[2] 举:全。 胜:尽。

[3] 愚直:愚笨而正直。

[4] 几何:若干,多少。此指时间,意谓多久。

[5] 是以:因此。

[6] 识:知道,懂得。

[7] 恃赖:依靠,依赖。

[8] 官司:官府。

[9] 侵陵:陵,通"凌"。侵陵,侵犯,欺凌。

[10] 厌苦:讨厌痛恨。

子弟童稚之年[1]，父母师长严者[2]，异日多贤[3]；宽者，多至不肖[4]。

［清］张履祥《训子语》

注　释

[1] 童稚：亦作"童穉"。儿童，小孩。

[2] 师长（zhǎng）：老师和尊长。

[3] 异日：来日，以后。　贤：有才德。

[4] 不肖：不成材。

在京在途[1]，一有闲刻，便当看书。古人游处皆学[2]，不过为能收放心耳[3]。骄傲奢侈，一点不能沾染。即会客说话，固须周旋[4]，然不可套语太多[5]，多则涉于油滑而不真矣。

[清] 陈宏谋《给四侄书》

注　释

[1] 京：指京城。　途：指旅途。

[2] 游处(chù)：出游的地方。

[3] 收放心：把放纵散漫的心思收拢起来。

[4] 周旋：古代行礼时进退揖让的动作。引申为交往，交际应酬。

[5] 套语：会见客人的应酬话，也叫客套话。

予德衰薄[1]，不能正身齐家[2]，时用内愧[3]，然念汝爱汝[4]，故以我所欲改者戒汝[5]，所欲能者勉汝[6]。知而不言[7]，是我负汝辈[8]；言之不听，是汝辈负我，并自负也[9]。思之，思之，勿作一场闲话看过[10]。

[清] 倭仁《示云曜两侄》

注　释

[1] 德:指品行。　衰薄:衰败,衰败浇薄。

[2] 正身:端正自身,修身。　齐家:治家。
　　此指约束家人。

[3] 用:用作连词。因此。

[4] 汝:你。此指你们,即两侄儿。

[5] 欲:想要,希望。

[6] 勉:劝勉。

[7] 知而不言:知道却不说。

[8] 汝辈:你们。

[9] 自负:自许,自以为了不起。

[10] 勿:副词。不要。

千金之资[1]，不及四月而消亡殆尽[2]，是必所用者，有不尽可告人之处。用钱事小，而因之怠弃学业[3]，损耗精力，虚度光阴，则固甚大也[4]。余前曾致函戒汝[5]，须努力用功，言犹在耳，何竟忘之[6]？虽然[7]，往事不说，来者可追，而今而后[8]，速收汝邪心，努力求学。

[清] 张之洞《与儿书》

注 释

[1] 千金:形容钱很多。

[2] 不及四月:不到四个月。

[3] 怠弃:怠惰荒废。

[4] 固:通"痼"。长期养成不易改变的毛病。

[5] 余:我。 致函:去信。

[6] 何:为什么。 竟:竟然。

[7] 虽然:即使如此。

[8] 而今而后:从今以后。

德教为本

闻汝充役[1]，室如悬磬[2]，何以自辨[3]？论德则吾薄[4]，说居则吾贫[5]，勿以薄而志不壮、贫而行不高也[6]！

[汉] 司马徽《诫子书》

注　释

［1］充役:为国从役。

［2］室如悬罄:亦作"室如悬罄"。是说家中
空无所有。比喻一贫如洗。

［3］何以自辨:自己怎么看待呢?

［4］论德:评判品德的高下。

［5］居:此指家庭。

［6］勿以薄而志不壮、贫而行不高也:这句
话的大意是,不要因为德薄而心志不
壮、家庭贫穷而操行就不高尚啊!

吾家世俭贫[1]，先人遗训，常恐置产怠子孙[2]，故家无樵苏之地[3]，尔所详也。吾窃见吾兄自二十年来，以下士之禄[4]，持窘绝之家[5]，其间半是乞丐羁游[6]，以相给足……有父如此，尚不足为汝师乎？

[唐]元稹《诲侄等书》

注　释

[1] 俭贫:贫乏。

[2] 怠:懈怠,懒惰。

[3] 樵苏:樵,指取薪;苏,指取草。樵苏,即
打柴割草。

[4] 下士:此指俸禄低微的小官吏。

[5] 窘绝:艰困,穷尽。

[6] 乞丐:此指求人资助。　羁(jī)游:亦作
"羁游"。羁旅无定。

今诲汝等，居家孝，事君忠，与人谦和，临下慈爱[1]。众中语涉朝政得失、人事短长[2]，慎勿容易开口。仕宦之法[3]，清廉为最，听讼务在详审[4]，用法必求宽恕。追呼决讯，不可不慎。

〔宋〕贾昌朝《戒子孙》

注 释

[1] 临下：从高望下。此指治理下属。

[2] 众中（zhōng）：众人之中。

[3] 仕宦：指官员。

[4] 听讼：听理诉讼，审案。

凡衣服之华丽，饮食之丰腴[1]，交游之轻佻[2]，言语之夸诞[3]，皆足以贾祸招尤[4]。要当深警而痛绝之，以纾吾忧[5]，不为吾累可也。听之戒之！毋怠毋忽！

[明]马中锡《示子言》

注 释

[1] 丰腴:丰盛精美。

[2] 轻佻:行动不沉着,不稳重。

[3] 夸诞:虚妄不实。

[4] 贾(gǔ)祸:招致灾祸。 招尤:招致他人的怪罪或怨恨。

[5] 纾(shū):解除,排除。

古人云："读书须要识字,一字为万字之本[1],识得此字,六经总括在内[2]。"一字者何? 孝是也。如木有根,万紫千红,迎风笑日,骀荡春光[3],累垂秋实,都从此发去,怡情下气[4],培值德本[5],愿吾宗英勉之[6]!

[清]王夫之《给侄儿书》

注 释

[1] 一字:有一个字。此指"孝"字。

[2] 六经:六部儒家经典,即《诗》《书》《礼》《乐》《易》《春秋》。

[3] 骀(dài)荡:舒缓起伏,荡漾。

[4] 怡情:怡悦心情。 下气:态度恭顺,平心静气。

[5] 值:同"植"。

[6] 宗英:皇室中才能杰出的人。此指一姓中有德才的后辈。

希贤希圣[1]，儒者之分[2]。顾圣贤品业[3]，何可易几[4]？既禀儒术[5]，先须学为端人[6]。绳趋尺步[7]，宁方毋圆[8]。名士放诞之习[9]，断不可学。

[清] 汪辉祖《双节堂庸训》

注　释

[1] 希贤:希望有道德有才能。　希圣:希
望达到圣人的境界。

[2] 分(fèn):本分。

[3] 顾:但。

[4] 易:轻易,容易。　几:将近,几乎。这
里指达到、成功的意思。

[5] 禀:承受,领受。

[6] 端人:正直的人。

[7] 绳趋尺步:绳、尺,本指工匠较曲直、量
长短的工具,引申为法度。绳趋尺步,
是说规行矩步,举动有法度。

[8] 方:方正。引申为正直。　圆:圆形。
引申为圆滑。

[9] 放诞:放纵不守规范。

古人云[1]："成立之难如登天[2]，覆坠之易如燎毛[3]。"吾百年之后[4]，虑子孙无德无学，不明礼义，日即废败，享祀淹废，祖墓荒圮[5]，此吾所不能不抱憾于九泉矣[6]。

[清]张习孔《张氏家训》

注　释

[1] 云:说。

[2] 成立:创办,建立。

[3] 燎:放火烧。

[4] 百年:人死的委婉说法。

[5] "享祀"二句:享祀,祭祀;淹废,废止;荒
圮(pǐ),荒芜倒塌。这两句的大意是,
没有东西供奉祖先,祖宗的坟墓也荒芜
倒塌了。此言家道败亡的景象。

[6] 九泉:指黄泉。人死后的葬处。

汝辈身列胶庠[1]，非毫无知识者，须念物力之艰，力求俭约，勿习浮华[2]，勿学放纵[3]，将平日爱华靡、喜疏散种种积习全行改变[4]，作一个醇谨朴实子弟[5]，较之鲜衣肥马为有识所窃笑者[6]，不相去万万耶？

[清]倭仁《示云曜两侄》

注　释

[1] 胶庠（xiáng）：周代学校名。周时胶为大学，庠为小学，后世通称学校为"胶庠"。

[2] 习：习染。　浮华：讲究表面上的华丽或阔气，不务实际。

[3] 放纵：放荡而不受约束。

[4] 华（huá）靡：华丽奢靡。　疏散（sǎn）：闲散，放达不羁。

[5] 醇谨：淳厚谨慎。

[6] 鲜（xiān）衣肥马：亦作"鲜衣良马""鲜衣怒马""美服壮马"。指服饰豪奢。

国内学校子弟[1]，有父兄之诫[2]，师长之教[3]，而尚流于邪僻[4]，不克自检其身心[5]。况去国已远[6]，无父兄，无师长，苟无克己工夫者[7]，必不能以自存[8]，余窃忧之[9]。

〔清〕张之洞《家书》

注　释

[1] 子弟:泛指年轻后辈。此指学生。

[2] 诫:告诫,嘱告。

[3] 教:教导,指点。

[4] 邪僻:同"邪辟"。乖戾不正。

[5] 不克:不能。　自检:自我检点约束。

[6] 去国:离开本国。

[7] 克己:约束克制自身的言行与私欲,使
　　之合乎某种规范。

[8] 自存:保全自己。

[9] 窃:偷偷地,暗暗地。

教子习劳

凡子侄，多忌农作[1]。不知幼事农业，则不知粟入艰难，不生侈心[2]。幼事农业，则习恒敦实，不生邪心。幼事农业，力涉勤苦，能兴起善心，以免于罪戾，故子侄不可不力农作[3]。

[明] 霍韬《霍渭厓家训》

注　释

[1] 农作：耕作，农事。

[2] 侈心：奢侈之心。

[3] 力：致力于。

子侄入社学[1]，遇农时俱暂力农，一日或寅卯力农[2]，未申读书[3]；或寅卯读书，未申力农；或春夏力农，秋冬读书。勿袖手坐食，以致穷困。

[明] 霍韬《霍渭厓家训》

注　释

[1] 社学：明清时设于乡间的学校。

[2] 寅卯：指寅卯时辰，相当于现在的凌晨三时至七时。

[3] 未申：指未申时辰，相当于现在的下午一时至五时。

爱子弟者动曰[1]:"幼小不宜劳动"。此谬极之论。从古名将相,未有以懦怯成功。筋骨柔脆,则百事不耐。闻之旗人教子[2],自幼即学习礼仪、骑射。由朝及暮,无片刻闲暇。家门之内,肃若朝纲[3]。故能诸务娴熟,通达事理,可副国家任使[4]。欲望子弟大成[5],当先令其习劳。

[清] 汪辉祖《双节堂庸训》

注 释

[1] 动:动不动,即"常常"的意思。

[2] 旗人:清代对编入旗籍人的称呼。

[3] 朝纲:朝廷的法度纪律。

[4] 副:符合。

[5] 大成:大有成就。

吾家后辈子女皆趋于逸欲奢华[1]，享福太早，将来恐难到老。嗣后诸男在家勤洒扫[2]，出门莫坐轿；诸女学洗衣，学煮菜烧茶。少劳而老逸犹可，少甘而老苦则难矣[3]。

[清] 曾国藩《家书》

注　释

[1] 逸欲：贪图安逸，嗜欲无节。

[2] 嗣(sì)后：以后。

[3] 甘：甜。此指享福。

教以报国

于戏后人[1]，惟肃惟栗[2]，
无忝显祖[3]，以蕃汉室[4]！

[汉] 韦玄成《韦玄成家训》

注 释

[1] 于戏：感叹词，同"呜呼"。

[2] 栗：严肃。

[3] 忝：辱，有愧于。 显祖：旧时对祖先的
美称。

[4] 蕃：保卫，捍卫。 汉室：指汉朝。

汝父教汝以忠孝辅国家[1]，今不务善政异化[2]，而专卒伍一夫之技[3]，岂汝先人之意耶[4]？

[宋] 陈母冯氏《陈母家训》

注　释

[1] 辅：辅佐。

[2] 异化：特殊的教化。

[3] 卒(zú)伍：行伍，军队。　技：技艺。此指射箭。

[4] 先人：指故去的父亲。　意：意愿，愿望。

读书志在圣贤[1]，非徒科第[2]；为官心存君国[3]，岂计身家[4]。

[清] 朱柏庐《治家格言》

注　释

[1] 圣贤：圣人和贤人的合称。亦泛称道德才智杰出者。

[2] 科第：科考及第。

[3] 君国：此指君主和国家。

[4] 计：计虑。　身家：本人和家庭。

汝又知，父之所以令汝不远万里而去国求学者，又为何故？即欲汝学成归来，得以上致君、下泽民耳[1]。若所学未遂[2]，而先无父无君[3]，是余尚遣儿求学何为[4]？反不如使之一物不知[5]，尚得保其天年[6]，保其家室[7]。

[清]张之洞《家书》

注　释

[1] 致君:辅佐国君,使其成为圣明之主。这里指报效国家。　泽民:施恩惠于民。这里指效力人民。

[2] 未遂:尚未成就。

[3] 无父无君:指不孝、不忠。

[4] 何为(wéi):干什么,做什么。用于询问。

[5] 反:副词。反而。

[6] 天年:自然的寿数。

[7] 家室:家庭,家眷。

父母爱子，无微不至[1]，其言恨不能一日不离汝，然必令汝出门者[2]，盖欲汝用功上进，为后日国家干城之器[3]，有用之才耳。方今国是扰攘[4]，外寇纷来，边境屡失，腹地亦危[5]。振兴之道，第一即在治国。治国之道不一，而练兵实为首端[6]。

[清] 张之洞《家书》

注　释

[1] 无微不至：是说关怀照顾得非常细心周
　　到。

[2] 出门：此指出国留学。

[3] 干城：出自《诗·周南·兔罝》。本指盾
　　牌和城墙，这里借以比喻能御外卫内的
　　将才。

[4] 国是：同"国事"。国家大计。　扰攘：
　　混乱，不太平。

[5] 腹地：指内地。相对边境而言。

[6] 首端：首要的。

然世事多艰[1]，习武亦佳，因送汝东渡[2]，入日本士官学校肄业[3]，不与汝之性情相违。汝今既入此，应努力上进，尽得其奥[4]。勿惮劳[5]，勿恃贵[6]，勇猛刚毅，务必养成一军人资格。汝之前途，正亦未有限量。国家正值用武之秋[7]，汝只患不能自力，勿患人之不己知[8]。

［清］张之洞《家书》

注　释

[1] 世事:世上的事。

[2] 东渡:特指东去日本。

[3] 肄业:修习课业。

[4] 奥:奥妙。此指知识技能。

[5] 惮劳:怕苦怕累。

[6] 恃:依赖,凭借。

[7] 秋:此指时机、日子。

[8] 己知:知己。

吾今死无余憾^[1]，国事成不成，自有同志者在。依新已五岁^[2]，转眼成人，汝其善抚之^[3]，使之肖我^[4]。汝腹中之物，吾疑其女也。女必像汝，吾心甚慰；或又是男，则亦教其以父志为志，则我死后，尚有二意洞在也^[5]。甚幸^[6]，甚幸！

〔清〕林觉民《与妻书》

吾今死无余憾[1]，国事成不成，自有同志者在。依新已五岁[2]，转眼成人，汝其善抚之[3]，使之肖我[4]。汝腹中之物，吾疑其女也。女必像汝，吾心甚慰；或又是男，则亦教其以父志为志，则我死后，尚有二意洞在也[5]。甚幸[6]，甚幸！

〔清〕林觉民《与妻书》

注　释

[1] 余憾:遗憾。

[2] 依新:林觉民的长子。

[3] 善抚之:好好地教养他。

[4] 肖(xiào):像。

[5] 二意洞:意洞,林觉民的字。二意洞,是
说有两个像我(指林觉民)这样的孩子。

[6] 甚幸:非常高兴。

施教有方

吾之妊身[1]，在乎顺正[2]。及其生也，思存于抚爱[3]。其长之也，威仪以先后之[4]，礼貌以左右之，恭敬以监临之，勤恪以劝之[5]，孝顺以内之，忠信以发之，是以皆成，而无不善，汝曹庶子勿忘吾法也[6]。

[汉] 杜泰姬《戒诸女及妇》

注　释

[1] 妊(rèn)身:怀孕。

[2] 顺正:指孕妇的身心顺畅端正。

[3] 思:心思。

[4] 威:威严。　仪:礼仪。

[5] 勤恪:勤勉恭谨。

[6] 法:指本文所述的教子方法。

父子之严[1]，不可以狎[2]；骨肉之爱，不可以简[3]。简则慈孝不接[4]，狎则怠慢生焉[5]。由命士以上，父子异宫，此不狎之道也[6]；抑搔痒痛，悬衾箧枕，此不简之教也[7]。

　　［南北朝］颜之推《颜氏家训》

注 释

[1] 严:威严。

[2] 狎(xiá):亲近而不庄重。

[3] 简:简慢。

[4] 慈孝不接:是说慈和孝不能接触,亦即慈和孝都做不好。

[5] 怠慢:懈怠轻忽。

[6] "由命士"三句:命士,古称读书做官者为士,受有爵命的士称命士。这三句是归纳引述《礼记·内则》上的意思,是说士大夫阶层以上的人,父子不住在一起,这是防止狎昵的办法。

[7] "抑搔"三句:抑搔,按摩抓搔。这三句是归纳引述《礼记·内则》上的意思,是说为长辈按摩抓痒,铺床叠被,这是不简慢礼节的办法。

世人有虑子弟血气未定[1]，……则居之于家，严其出入，绝其交游，致其无所见闻，朴野蠢鄙[2]，不近人情。殊不知此非良策！禁防一弛[3]，情窦顿开[4]，如火燎原，不可扑灭。况拘之于家，无所用心，却密为不肖之事[5]，与外出何异？不若时其出入[6]，谨其交游，虽不肖之事习闻既熟[7]，自能识破，必知愧而不闻。

［宋］袁采《袁氏世范》

注　释

[1] 血气:指青年人刚烈不驯的性情。

[2] 朴野蠢鄙:粗野愚昧。

[3] 禁防:禁止、防范。

[4] 情窦:本指男女爱悦之情的萌动。这里指不受理智约束的各种情感和欲念。

[5] 密为不肖之事:此指暗地里做坏事。

[6] 时其出入:使他按时出入。

[7] 习闻:常闻。

教子有五：导其性[1]，广其志[2]，养其才[3]，鼓其气[4]，攻其病[5]，废一不可。

［宋］家颐《教子语》

注　释

[1] 导其性：人的本性本来是善的，由于客观环境等因素的影响会发生变化。导其性，就是引导他向善的本性。

[2] 广其志：光大他的志向。

[3] 养其才：培养他的才能。

[4] 鼓其气：鼓舞他的气势。

[5] 攻其病：批评指责他的毛病。

为家长者，当以至诚待下[1]，一言不可妄发[2]，一行不可妄为，庶合古人以身教之之意[3]。临事之际，毋察察而明[4]，毋昧昧而昏[5]，更须以量容人，常视一家如一人可也。

［元］郑文融《郑氏规范》

注　释

[1] 至诚：极其真诚。

[2] 妄：胡乱，随便。

[3] 庶：差不多。

[4] 毋察察而明：察察，分析明辨之意。毋察察而明，意即不要把任何事情都弄得清清楚楚，有时需要糊涂。

[5] 昧昧：昏乱，糊涂不清。

教之者，导之以德义[1]，养之以廉逊[2]，率之以勤俭[3]，本之以慈爱[4]，临之以严恪[5]，以立其身，以成其德[6]。慈爱不至于姑息，严恪不至于伤恩。伤恩则离[7]，姑息则纵[8]，而教不行矣[9]。

［明］徐皇后《内训》

注 释

[1] 导:引导。 德义:道德信义。

[2] 养:培养。 廉逊:逊让。

[3] 率:表率,楷模。

[4] 本:本源。

[5] 临:监临。引申为约束。 严恪(kè):
    庄严恭敬。

[6] 以立其身,以成其德:帮助他们树立己
    身,养成良好的品德。

[7] 离:(产生)离意。

[8] 纵:放荡不羁。

[9] 而教不行矣:那么教育就行不通了。

父母同负教育子女之责任。今我旅居京华[1]，义方之教[2]，责在尔躬[3]。而妇女心性，偏爱者多，殊不知爱之不以其道，反足以害之焉。其道维何[4]？约言之有四戒四宜[5]。一戒晏起[6]，二戒懒惰，三戒奢华，四戒骄傲。既守四戒，又必规以四宜：一宜勤读，二宜敬师，三宜爱众，四宜慎食。以上八则，为教子之金科玉律[7]，尔宜铭诸肺腑，时时以教诲三子。

[清] 纪昀《寄内》

注　释

[1] 旅居:客居,在外地居住。　京华:首都的美称。因首都是文物、人才汇集之地,故称。

[2] 义方:行事应该遵守的规范和道理。后多指教子的正道,或称家教。

[3] 躬:身。

[4] 道:此指教育子女的正确原则。　维:是。

[5] 约言:简要地说。

[6] 晏起:指早晨晚起床。

[7] 金科玉律:指不可变更的法令或规则。后多比喻不可变更的信条。

家有严君[1]，父母之谓也。自母主于慈[2]，而严归于父矣。其实，子与母最近，子之所为，母无不知，遇事训诲，母教尤易。若母为护短，父安能尽知？至少成习惯[3]，父始惩之于后[4]，其势常有所不及。慈母多格[5]，男有所恃也[6]。故教子之法，父严不如母严。

［清］汪辉祖《双节堂庸训》

注　释

[1] 严君：父、母的代称。

[2] 自：自然。　主：崇尚，注重。　慈：慈爱。

[3] 少(shǎo)：同"稍"。

[4] 惩：惩治，惩罚。

[5] 格：一定的标准。这里为使有一定的
规矩。

[6] 恃：依赖。

教子须父严则母慈，父慈则母严。教女三分严七分慈，可也。教媳妇，自是为姑底事[1]。每见为舅者硬扭作儿女一般[2]，直是野礼[3]，不自觉其可笑也[4]。

[清] 郑珍《母教录》

注　释

[1] 底(de)：犹"的"。　姑：婆婆。

[2] 舅：公公。

[3] 野礼：不合法度的礼仪。

[4] 不自觉：自己意识不到。

睦亲

孝顺父母

安帝时[1]，汝南薛包字孟尝[2]，好学笃行，丧母，以孝至闻。及父娶后妻而憎包，分出之[3]。包日夜号泣，不能去[4]，至被殴杖。不得已，庐于舍外，旦入而洒扫。父怒，又逐之，乃庐于里门，昏晨不废[5]。积岁余，父母惭而还之[6]。后行六年服，丧过乎哀[7]。

[南北朝] 颜之推《颜氏家训》

注　释

[1] 安帝:即汉安帝刘祜。公元 107－125 年在位。

[2] 汝南:汉朝郡名。在今河南上蔡一带。　薛包:字孟尝,东汉安帝时人,著名孝子。

[3] 分出:分家另过。

[4] 去:离开。

[5] 昏晨不废:早、晚不停止向父母请安的礼节。

[6] 还:返回。这里指搬回家居住。

[7] 行六年服,丧过乎哀:这两句是说,父母去世后,薛包穿了六年丧服,超过一般穿三年丧服的礼法惯例,表明过于悲哀。

女子在堂，敬重爹娘[1]。每朝早起[2]，先问安康。寒则烘火，热则扇凉。饥则进食，渴则进汤[3]。父母检责[4]，不得慌忙。近前听取，早夜思量[5]。若有不是[6]，改过从长[7]。父母言语，莫作寻常。遵依教训，不可强梁[8]。

[唐] 宋若莘《女论语》

注 释

[1] 女子在堂,敬重爹娘;女子,指女儿;在堂,是说父母健在。这两句的意思是,父母健在,女儿要尊重、孝顺爹娘。

[2] 朝(zhāo):早晨。

[3] 汤:开水。

[4] 检责:察验责问。

[5] 早夜:日夜,终日。

[6] 不是:错误,过失。

[7] 从长(cóng cháng):从长远考虑。

[8] 强梁:亦作"强良"。强横凶暴。

人子之孝，本于养亲以顺其志[1]，死生不违于礼[2]，是孝诚之至也[3]。

［宋］蔡襄《福州五戒》

注　释

[1]"本于养亲"句：这句的意思是，根本在于侍奉双亲而顺从双亲的心思做事。

[2] 不违于礼：不能与礼相违背。

[3] 孝诚：孝敬的诚心。

今之孝者，是谓能养[1]。至于犬马，皆能有养。不敬[2]，何以别乎[3]？

[宋] 司马光《温公家范》

注 释

[1] 养：奉养，赡养。

[2] 敬：尊敬，尊重。

[3] 何以：用什么，怎么。 别：区分。

君子之事亲也，居则致其敬[1]，养则致其乐，病则致其忧，丧则致其哀，祭则致其严[2]。

[宋] 司马光《温公家范》

注 释

[1] 居:此指在日常生活中。　敬:以恭敬之身对待。

[2] 严:端整。

孝敬者，事亲之本也[1]。养[2]，非难也，敬为难。以饮食供奉为孝[3]，斯末矣[4]。

〔明〕徐皇后《内训》

注　释

[1] 事亲：侍奉父母。　本：根本。

[2] 养：供给食物及生活必需品，使生活下去。

[3] 供奉：供给，奉养。

[4] 末：非根本的、次要的事情。与“本”相对。

夫自幼而笄[1]，既笄而有室家之望焉[2]，推事父母之道于舅姑[3]，无以复加损矣[4]。故仁人之事亲也[5]，不以既贵而移其孝[6]，不以既富而改其心。故曰"事亲如事天[7]"。又曰："孝莫大于宁亲[8]"。可不敬乎？

［明］徐皇后《内训》

注 释

[1] 笄(jī):簪。古代女子十五岁加笄,意味着成年。

[2] 室家:指成立家庭,即出嫁。

[3] 推:推广,推衍。

[4] 无以复加损:不要再增加或减少了。意即孝敬公婆与孝敬父母是一样的。

[5] 仁人:指有德之人。

[6] 既:已经。

[7] "事亲"句:出自《孔子家语·大婚解》。意思是,侍奉父母如同事奉天一样恭敬。

[8] "孝莫"句:出自扬雄《法言序》。宁亲,使父母安宁。这句的意思是,最大的孝莫过于使父母安宁。

孝弟[1]，天性也[2]，岂有间于男女乎[3]？事亲者[4]，以圣人为至[5]。

[明]徐皇后《内训》

注　释

[1] 孝弟(tì)：弟，通"悌"。孝弟，孝敬父母，敬爱兄长。

[2] 天性：先天具有的品质或性情。

[3] 有间：有区别。

[4] 事亲：侍奉父母。

[5] 圣人：专指孔子。　　至：此指最孝。

重资财[1]，薄父母[2]，不成人子。[3]

[清] 朱柏庐《治家格言》

注　释

[1] 资财：钱财物资。

[2] 薄：轻视。此指不敬重父母。

[3] 不成人子：人子，子女。不成人子，就不是好子女。

凡人尽孝道欲得父母之欢心者，不在衣食之奉养也[1]。惟持善心、行合道理以慰父母[2]，而得其欢心，斯可谓真孝者矣[3]。

［清］爱新觉罗·玄烨《庭训格言》

注　释

[1] 奉养：侍奉，赡养。

[2] 惟：只有。　持：保持。　行：行为。
　　合：合乎。

[3] 斯：此，这。　可谓：可以称为，可以说是。

父母之心，实同昊天罔极[1]。人子欲报亲恩于万一，自当内尽其心，外竭其力[2]，谨身节用[3]，以勤服劳，以隆孝养[4]。

[清] 爱新觉罗·胤禛《圣谕广训》

注　释

[1] 昊天罔极:语出《诗·小雅·蓼莪》。专指父母尊长养育的恩德深广,无以报答。

[2] 竭:竭尽,用尽。

[3] 谨身:自身恭谨。　节用:减少费用。

[4] 隆:丰厚。

老母年近古稀[1]，精神日退，兄服务在外，不能时时回来，吾弟年逾弱冠[2]，世务情形[3]，当默自考察，佐母亲精力不逮[4]。昏晨侍奉，尤须必恭必敬；倘有不满意事，不可趁一时血气[5]，以使母亲不悦。

[清]李鸿章《家书》

注　释

[1]古稀:亦作"古希"。杜甫《曲江》诗中有
　　"人生七十古来稀"的句子,后因以"古
　　稀"为七十岁的代称。

[2]弱冠:弱,年少。弱冠,古代男子 20 岁
　　行冠礼,故用"弱冠"指男子 20 岁左右
　　的年龄。

[3]世务:世情,时势。

[4]不逮:不及。即精力不足。

[5]血气:此指感情用事。

孝事公婆

阿翁阿姑[1]，夫家之主[2]。既入他门[3]，合称新妇[4]。供承看养[5]，如同父母。

［唐］宋若莘《女论语》

注　释

[1] 阿翁阿姑：指公婆。

[2] 夫家：丈夫的家，婆家。

[3] 既：已经。　入他门：女子嫁到丈夫家，成为其家庭中的一员。

[4] 新妇：已婚妇女对公婆、丈夫及夫家长辈、平辈亲属谦卑的自称。

[5] 供（gòng）承：侍奉。

女子之事舅姑也[1]，敬以父同，爱与母同。守之者义也，执之者礼也[2]。

[唐] 郑氏《女孝经》

注　释

[1] 舅姑：称夫之父母。俗称公婆。

[2] "守之者"二句：大意是，事奉公婆要遵守道义，依据礼节。

妇人既嫁，致孝于舅姑。舅姑者，亲同于父母，尊拟于天地。善事者在致敬[1]，致敬则严[2]；在致爱，致爱则顺[3]。专心竭诚，毋敢有怠，此孝之大节也，衣服饮食其次矣。故极甘旨之奉，而毫发有不尽焉[4]，犹未尝养也[5]；尽劳勚之力[6]，而倾刻有不恭焉，犹未尝事也。舅姑所爱，妇亦爱之；舅姑所敬，妇亦敬之。乐其心，顺其志[7]，有所行不敢专[8]，有所命不敢缓[9]，此孝事舅姑之要也。

［明］徐皇后《内训》

注　释

[1] 致敬:极尽诚敬之心,极其恭敬。

[2] 严:尊敬。

[3] 顺:柔顺,和顺。

[4] 毫发:极少,极细微。

[5] 养:奉养,侍奉。

[6] 劳勚(yì):劳苦。

[7] 顺:顺从。　志:意志。

[8] 行:做,从事某活动。指妇有所行。

　　专:专断,擅自行事。

[9] 命:指舅姑有所吩咐。

男女虽异，劬劳则均[1]；子媳虽殊，孝敬则一[2]。夫孝者，百行之源[3]，而尤为女德之首也[4]。

[明]刘氏《女范捷录》

注　释

[1] 劬(qú)劳：劳累，劳苦。

[2] 子媳虽殊，孝敬则一：这两句的意思是，
儿子与儿媳虽然不一样，但孝敬长辈却
是一样的。

[3] 百行：各种品行。

[4] 女德：犹妇德。谓妇女贞顺的德行。旧
时为妇女四德之一。指妇女应具备的
品德。

余每见嫁女贪恋母家富贵而忘其翁姑者[1]，其后必无好处。余家诸女，当教之孝顺翁姑，敬事丈夫，慎无重母家而轻夫家，效浇俗小家之陋习也[2]。

［清］曾国藩《谕曾纪鸿》

注　释

[1] 翁姑：丈夫的父母。即公婆。

[2] 浇俗：犹"浇风"。浮薄的社会风气。

有等媳妇，不能孝姑[1]，而偏欲孝母，此正是不孝母也。事姑未孝，必贻母氏以恶名，可谓孝母乎[2]？盖女在家，以母为重，出家以姑为重也[3]。

[清]唐彪《人生必读书》

注　释

[1] 姑：丈夫的父母。婆婆。

[2] 可谓：可以说。

[3] 出家：即出嫁。与丈夫成婚。

媳妇不唯自己要尽孝[1]，尤当劝夫尽孝[2]。语云[3]："孝衰于妻子[4]。"此言极可痛心。故媳妇以劝夫尽孝为第一。要使丈夫踪迹[5]，常密于父母，而疏于己身。俾夫之孝行[6]，信笃于往时[7]，乃见媳妇之贤[8]。

[清]唐彪《人生必读书》

注 释

[1] 不唯:不仅,不但。

[2] 尤:尤其,格外。

[3] 语云:即俗话说。

[4] 衰:衰退,减退。

[5] 踪迹:足迹。

[6] 俾:使。

[7] 信笃于往时:比以往加倍地笃定。

[8] 乃:这样。

兄友弟恭

事兄以敬，恤弟以慈；兄弟有不良之行，当造膝谏之[1]；谏之不改，流涕喻之[2]；喻之不改，乃白其母；若犹不改，当以奏闻[3]，并辞国土[4]。与其守宠罹祸，不若贫贱全身也[5]。

［三国］曹衮《令世子》

注　释

[1] 造膝:至其膝前,促膝。

[2] 涕:眼泪。　喻:开导。

[3] 奏闻:臣下将情事向帝王报告。

[4] 辞国土:此指削其封地。

[5] 全身:保全生命或名节。

吾兄弟，若在家，必同盘而食[1]，若有近行[2]，不至，必待其还，亦有过中不食[3]，忍饥相待[4]。吾兄弟八人，今存者有三[5]，是故不忍别食也[6]。又愿毕吾兄弟世[7]，不异居、异财[8]，汝等眼见，非为虚假[9]。

[南北朝]杨椿《诫子孙》

注　释

[1] 同盘而食:即同桌共餐。

[2] 近行(xíng):到离家不很远的地方去。

[3] 过中:过了中午。

[4] 相待:互相等待。

[5] 存者:活着的。

[6] 是故:连词。因此,所以。

[7] 毕吾兄弟世:毕,尽。毕吾兄弟世,我们

　　兄弟几人一直到去世。

[8] 异居:分家另过。　异财:分开财产。

[9] 非为虚假:并不是假言虚话。

兄弟者，分形连气之人也[1]。方其幼也，父母左提右挈[2]，前襟后裾[3]，食则同案，衣则传服[4]，学则连业[5]，游则共方[6]，虽有悖乱之人[7]，不能不相爱也。

[南北朝]颜之推《颜氏家训》

注　释

[1] 连气:也称"同气"。指兄弟同为父母所生,气息相同相连。

[2] 挈(qiè):提携。

[3] 前襟后裾(jū):襟,上衣的前幅;裾,上衣的后幅。前襟后裾,指兄弟有的拉父母的衣前襟,有的牵父母的衣后幅。

[4] 传服:指哥哥穿过的衣服再传给弟弟穿。

[5] 连业:业,古代书写经籍的大版,引申为书本。连业,指哥哥用过的经籍,弟弟又接着用。

[6] 共方:同去一个地方。

[7] 虽:即使。　悖乱:惑乱,昏乱。

二亲既殁[1]，兄弟相顾，当如形之与影，声之与响[2]；爱先人之遗体[3]，惜己身之分气[4]，非兄弟何念哉？兄弟之际，异于他人，望深则易怨[5]，地亲则易弭[6]。譬犹居室，一穴则塞之，一隙则涂之，则无颓毁之虑；如誉鼠之不恤[7]，风雨之不防，壁陷楹沦[8]，无可救矣。

［南北朝］颜之推《颜氏家训》

注　释

[1] 殁(mò):死亡。

[2] 响:回声。

[3] 先人之遗体·先人,指死去的父母;遗体,所敬重的人的尸体。这里的"先人之遗体",不能解释为父母躯体,而是指兄弟躯体,因为兄弟都是从父母身上分离出来的。

[4] 分气:分得的父母的血气。

[5] 望深:期望过高。

[6] 地亲:地近情亲。此指兄弟间关系密切。　弥(mǐ):消除,止息。

[7] 恤:忧虑。

[8] 楹:厅堂前的柱子。　沦:没落,塌陷。这里指摧折。

夫兄弟至亲，一体而分，同气异息。《诗》云[1]："凡今之人，莫如兄弟[2]"又云："兄弟阋于墙，外御其侮[3]。"言兄弟同休戚[4]，不可与他人议之也[5]。若己之兄弟且不能爱，何况他人？己不爱人，人谁爱己？人皆莫之爱，而患难不至者，未之有也。

［宋］司马光《温公家范》

注　释

[1]《诗》:指《诗经》。

[2]"凡今之人"二句:出身《诗经·小雅·常棣》。意思是,当今的人,没有能比得上兄弟亲密的。

[3]"兄弟阋于墙"二句:出自《诗经·小雅·常棣》。阋(xì),争斗。指兄弟在家中(墙内)争斗;御,抵抗。这两句意思是,别看兄弟们在家中有争斗,但遇外侮却能共同对付。

[4]休戚:休,欢乐;戚,忧愁。休戚,欢乐与忧愁。

[5]议:商议,研究。

兄弟，手足也。今有人断其左足以益右手，庸何利乎[1]？虺一身两口[2]，争食相龁[3]，遂相杀也。争利而相害，何异虺乎？

［宋］司马光《温公家范》

注　释

[1] 庸何利乎：庸，以。庸何利乎，何以有利呢？有什么好处呢？

[2] 虺（huǐ）：一种毒蛇。

[3] 龁（hé）：咬。

伯夷、叔齐[1]，孤竹君之二子也[2]。父欲立叔齐。及父卒，叔齐让伯夷。伯夷曰：“父命也。”遂逃去。叔齐亦不肯立而逃之。国人立其中子。

〔宋〕司马光《温公家范》

注　释

[1] 伯夷：商代人。孤竹君之子。周武王伐纣时与其弟叔齐叩马而谏。及周灭商而有天下，伯夷、叔齐耻食周粟而隐居首阳山，采薇而食，终饿死。　叔齐：孤竹君之子，伯夷之弟。

[2] 孤竹君：商朝孤竹国国君的封号。此指伯夷、叔齐之父，名初，字子朝。

至若父有冢子[1]，称曰家督[2]。弟有伯兄[3]，尊曰家长。凡日用出入，事无大小，众子弟皆当咨禀焉[4]。饮食必让，语言必顺，步趋必徐行，坐立必居下，凡以明弟道也。

[宋] 司马光《温公家范》

注　释

[1] 至若：连词。表示另提一事。　冢子：嫡长子。

[2] 家督：督理家事。此为对长子（冢子）的称谓。

[3] 伯兄：长兄。

[4] 咨禀：请教，禀告。

父兄并称，故谚云："长兄如父"。其年龄既长[1]，其阅历必多。为之弟者，自应受其训诫，敬而事之。凡事禀承[2]，自有裨益。若俨然抗行[3]，是谓不弟[4]，必非福器[5]。

[清] 汪辉祖《双节堂庸训》

注　释

[1] 其:指长兄。　长(zhǎng):大。

[2] 禀承:承受,听命。

[3] 抗行(xíng):抗衡。

[4] 弟(tì):通"悌"。顺从和敬爱兄长。

[5] 器:度量,胸怀。

汝辈天性醇厚[1]，尚知孝道，近闻手足间亦渐有乖离之意[2]，此最不可。须知骨肉至重[3]，凡百皆轻，勿贪财货，勿私妻子[4]，勿以亲心偏向而退有怨言[5]，勿以言语参差而辄生嫌隙[6]。兄宽弟忍，式好无犹[7]；和气熏蒸[8]，祯祥自至[9]。

[清]倭仁《示云曜两侄》

注　释

[1] 醇厚:敦厚朴实。

[2] 手足:手和足。比喻兄弟。　乖离:背离。

[3] 骨肉:比喻至亲。此指兄弟。　至重:最重要。

[4] 私:偏爱。　妻子:指妻和子女。

[5] 退有怨言:背地里产生怨恨之心。

[6] 言语参差(cēn cī):参差,不一致。言语参差,指彼此之间言语不合。　辄(zhé):立即,就。　嫌隙:因猜疑或不满而产生仇怨。

[7] 式好无犹:语出《诗·小雅·斯干》:"兄及弟矣,式相好矣,无相犹矣。"式,发语词,无义;犹,欺诈。式好无犹,是说兄弟之间要和睦亲近,永不欺诈。

[8] 和气熏蒸:和和气气的风尚像轻烟一样向上吹拂。

[9] 祯祥:吉祥,幸福。

亲兄弟犹如手足[1]，须要和好，须要友爱，从小到老，不可争斗[2]，不可侵夺[3]，不可欺侮。若能如此，就是好兄弟了。

〔清〕陆钓川《家庭直讲》

注　释

[1] 犹如：如同。

[2] 争斗：争夺，斗殴。

[3] 侵夺：侵占，抢夺。

夫妇之伦

夫为夫妇者，义以和亲[1]，恩以好合[2]。楚挞之行[3]，何义之有；谴呵既宣[4]，何恩之有[5]。恩义具废，夫妇离也。

[汉] 班昭《女戒》

注 释

[1] 义：恩义，情谊。 和亲：和睦相亲。

[2] 恩：恩爱。 好合：情投意合。

[3] 楚挞(tà)：杖打。

[4] 谴呵：亦作"谴诃"，谴责呵斥。

[5] 何恩之有：还有什么恩爱可言呢？

女子出嫁，夫主为亲[1]。前生缘分[2]，今世婚姻。将夫比天[3]，其义非轻。夫刚妻柔，恩爱相因；居家相待，敬重如宾。夫有言语，侧耳详听；夫有恶事，劝戒谆谆。莫学恶妇，惹祸临身。

[汉]班昭《女戒》

注 释

[1] 夫主：丈夫。旧时以丈夫为一家之主，故称。

[2] 前生：亦作"前身"。佛教名词。佛教认为有前身也有后世，循环往复，轮回再生。　缘分（yuán fèn）：由于以往因缘，致有当今的机遇。

[3] 将夫比天：语出《礼仪·丧服·子夏传》："夫者，妻之天也。"旧时以"天次之序"比附伦常关系，以"天"为至高尊称。如称君、父、夫为天。

夫妇之际，人道之大伦也[1]。礼之用，惟婚姻为兢兢[2]。夫乐调[3]，而四时和[4]。阴阳之变[5]，万物之统也[6]。可不慎欤？

[宋] 司马光《温公家范》

注 释

[1] 人道:为人之道。 大伦:基本的伦理道德。

[2] 兢兢:小心谨慎的样子。

[3] 乐调(yuè tiáo):音律和谐。

[4] 四时:有二解。其一指天有四季,即春、夏、秋、冬。其二指日有四时,即朝、暮、昼、夜。

[5] 阴阳:传统哲学中,自然界两种互相对立又相互消长的物质力量。

[6] 统:纲纪。

夫，天也；妻，地也。夫，日也；妻，月也。夫，阳也；妻，阴也。天尊而处上，地卑而处下。日无盈亏，月有圆缺；阳唱而生物[1]，阴和而成物[2]。故妇人专以柔顺为德[3]，不以强辩为美也[4]。

[宋] 司马光《温公家范》

注 释

[1] 唱：通"畅"。畅达，通达。

[2] 和：和谐。

[3] 柔顺：温柔和顺。

[4] 强辩：能言善辩。

汉梁鸿避地于吴[1]，依大家皋伯通[2]，居庑下[3]，为人赁舂[4]。每归，妻为俱食，不敢于鸿前仰视，举案齐眉。伯通察而异之。曰："彼佣，能使其妻敬之如此，非凡人也。"方舍之于家。

[宋]司马光《温公家范》

注　释

[1] 避地：因避灾祸而移居他地。

[2] 大家：原指有封邑的家族，后泛指富豪之家。　皋伯通：汉时吴（今江苏苏州一带）人。郡大家，有贤行。

[3] 庑（wǔ）：殿堂周围的廊屋。

[4] 赁：被人雇用。　舂：捣去谷类皮、壳。

妇之于夫,终身攸托[1],甘苦同之,安危与共,故曰:得意一人,失意一人。舍父母兄弟而托终身于我[2],斯情亦可念也[3]。事父母,奉祭祀[4],继后世[5],更其大者也。有过失宜舍容[6],不宜辄怒[7];有不知宜教导[8],不宜薄待。

[清]张履祥《训子语》

注　释

[1] 攸托:所依托。

[2] 舍(shě):舍弃,放弃。

[3] 斯:指示代词。此。

[4] 祭祀:祀神供祖的仪式。

[5] 继:延续。即生养后代。

[6] 舍(shě)容:容忍的意思。

[7] 辄:立即。

[8] 不知:不晓得,不了解。即不懂和不明

白的事情和问题。

糟糠之妻[1]，布裙荆钗[2]，安之若素[3]，不致累尔[4]。万水千山，来此穷乡，情殊可念，尔当待以礼。凡有不及，须以情恕[5]，官场面孔[6]，毫不宜施[7]。

[清] 聂继模《戒子书》

注　释

[1] 糟糠:《后汉书·宋弘传》载,"贫贱之交不可忘,糟糠之妻不下堂。"意思是说贫困时与之共食糟糠的妻子不可遗弃。后因以"糟糠"称曾共患难的妻子。

[2] 布裙荆钗:亦作"荆钗布裙"。荆枝为钗,粗布为裙。古代妇女简陋寒素的服饰。

[3] 素:平素,平常。

[4] 累(lěi):连累,拖累。

[5] 情恕:原谅。

[6] 官场面孔:板起面孔加以训责,缺乏温情。

[7] 施:施展。

妯娌和睦

娣姒者[1]，多争之地也，使骨肉居之[2]，亦不若各归四海，感霜露而相思[3]，伫日月之相望也[4]。况以行路之人，处多争之地，能无间者[5]，鲜矣[6]。所以然者，以其当公务而执私情[7]，处重责而怀薄义也；若能恕己而行[8]，换子而抚，则此患不生矣。

[南北朝] 颜之推《颜氏家训》

注　释

[1] 娣姒:妯娌。兄妻为姒,弟妻为娣。

[2] 骨肉居之:指亲姊妹成为妯娌。

[3] 感霜露而相思:感叹霜露的出现还能触发彼此的思念之情。

[4] 亡日月之相望:日月各在东西,总能等到相望之时。

[5] 间(jiàn):隔阂,疏远。

[6] 鲜(xiǎn):少。

[7] 当公务:指为兄弟同居的大家庭办事。执私情:指妯娌各为自己的小家室打算。

[8] 恕:宽恕,原谅。

妯娌间易生嫌隙[1]。乃嫌隙之生，尝起于舅姑之偏私[2]，成于女奴之谗构[3]。家人之暌多坐此[4]，是不可不深虑者。然大要在为丈夫者，见得财帛轻、恩义重，时以此开晓妇人，使不惑于私构而成隙[5]，则家可常合而不暌矣。夫妻为纲，一语极吃紧[6]。

[明]姚舜牧《药言》

注 释

[1] 嫌隙:亦作"嫌隟""嫌郄"。因猜疑或不满而产生的恶感、仇怨。

[2] 尝:通"常"。

[3] 谗构:谗害构陷。

[4] 暌:同"睽"。不合。

[5] 构:挑拨离间。

[6] 吃紧:重要。

世之兄弟不友爱者，其源多起于妯娌不和，丈夫各听妇言，遂成参商[1]，此大患也。为媳妇者，善处妯娌，惟在礼文逊让[2]，言语谨慎，有劳代之，有物分之。公姑见责[3]，多方解劝，要紧之务，先事指点，则彼自感德[4]，妯娌辑睦矣[5]。

[清]唐彪《人生必读书》

注　释

[1] 参(shēn)商:二星宿名。二星此出则彼没,两不相见。因此比喻人分离不得相见,也比喻不和睦。

[2] 惟:副词。相当于"只有""只是"。　礼文:指礼节仪式。　逊让:谦虚退让。

[3] 公姑见责:公姑,即公婆。公姑见责,被公婆责备。

[4] 感德:为其德行所感动。

[5] 辑睦:和睦。

妇之贤[1]，第一在和妯娌[2]。妯娌不和，大约以公姑恩有厚薄[3]，便生妒忌，便生争执，此不明之甚也[4]。

［清］唐彪《人生必读书》

注　释

[1] 贤：贤惠。

[2] 和：和睦。

[3] 以：因为。　公姑：丈夫的父母。亦称公婆。

[4] 甚：过分。

友邻

敦睦乡邻

东邻西舍，礼数周全[1]。往来动问[2]，款曲盘旋[3]。一茶一水，笑语忻然[4]。当说则说，当行则行，闲是闲非[5]，不入我门。

〔唐〕宋若莘《女论语》

注　释

[1] 礼数：犹礼节。

[2] 动问：问候。

[3] 款曲：殷勤酬应。　盘旋：交往，周旋。

[4] 忻然：喜悦的样子。

[5] 闲是闲非：无关紧要的是非议论。

居宅不可无邻家[1]，虑有火烛，无人救应。宅之四围如无溪流，当为池井[2]，虑有火烛，无水救应。又须平时抚恤邻里有恩义[3]。

[宋] 袁采《袁氏世范》

注　释

[1] 邻家：邻居。

[2] 当为池井：应当挖凿水池和水井。

[3] 抚恤：体恤爱护。

邻与我相比日久，最宜亲好。假令以意气相凌压[1]，彼即一时隐忍[2]，能无忿怒之心乎？而久之缓急无望其相助，且更有仇结而不可解者。

[明] 姚舜牧《药言》

注 释

[1] 假令：假如。

[2] 隐忍：克制忍耐。

"有钱有酒款远亲，火烧盗抢喊四邻"，戒富贵之家不可敬远亲而慢四邻也[1]。我家初移富墺，不可轻慢近邻[2]，酒饭宜松，礼貌宜恭。

[明]姚舜牧《药言》

注　释

[1] 慢：怠慢，冷淡。

[2] 轻慢：态度傲慢，对人不尊重。

乡民不堪多事，治百姓当以息事宁人为主。如乡居[1]，则排难解纷与睦邻要义。万一力难排解，即奉身而退[2]，切不可袒挈激事[3]。

[清]汪辉祖《双节堂庸训》

注 释

[1] 乡居：在乡村居住。

[2] 奉身：养身，守身。

[3] 袒挈(bāng)：偏袒相助。

和睦邻里族党[1]，勿听家人及妇人言致争[2]。

[清] 蒋伊《蒋氏家训》

注　释

[1] 族党：亦作"族鄽"。聚居的同族亲属。

[2] 致争：导致纷争和争斗。

邻里相助

望衡对宇[1]，声息相通，不惟盗贼、水火呼援必应，即间有力作之需[2]，亦可借伙将伯[3]。

［清］汪辉祖《双节堂庸训》

注　释

[1] 望衡对宇:衡,门窗上沿的横木;宇,屋
檐。衡、宇都可指代为房屋。望衡对
宇,住房接近,即互为邻居。

[2] 间:偶尔。　力作:力气活。

[3] 借伙(cì):帮助。　将(qiāng)伯:据
《诗·小雅·正月》,"将伯助予。"毛传,
"将,请也;伯,长也。"后称向人求助为
"将伯"。亦指别人对自己的帮助。

善待亲族邻里，凡亲族邻里来家，无不恭敬款接[1]，有急必周济之[2]，有讼必排解之[3]，有喜必庆贺之，有疾必问，有丧必吊。

[清]曾国藩《谕纪泽》

注　释

[1] 款接：犹款待。热情优厚地招待。

[2] 急：此指急难之事。

[3] 讼：诉讼。

语云[1]，"火烧盗抢喊四邻"……除不管闲事，不帮官司外，有可行方便之处，亦无吝也[2]

[清] 曾国藩《谕纪泽》

注　释

[1] 语云：俗话说。

[2] 无吝：不要吝啬。

乡邻最是要紧的,日间出门就见[1],夜间灯火相照,乡邻犹如唇齿[2],彼此相依。设或有盗进来,你道要乡邻赶捉么[3]?有烽烟火烛,你道要乡邻救灭么?有官司讼事,你道要乡邻保护么?凡人家,或富或穷,无有不要乡邻。所以俗语道:"先有邻,后有亲。"

〔清〕陆钓川《家庭直讲》

注　释

[1] 日间:白天。

[2] 唇齿:比喻互相依存而有共同利益的双方。

[3] 道:说。

从师

择师必慎

必须择好师，如一师不惬意[1]，即辞了另寻[2]，不可因循迁延[3]，致误学业[4]。

［明］杨继盛《谕应尾应箕两儿》

注 释

[1] 惬意：称心，满意。

[2] 即：就，便。

[3] 因循：守陈规旧法而不知变更。 迁延：拖延。

[4] 致：以至，以至于。

为子弟择师，是第一要事，慎无取太严者。师太严，子弟多不令[1]，柔弱者必愚，则强者怼而为恶[2]，鞭扑叱咄之下[3]，使人不生好念也。

[清] 冯班《家戒》

注 释

[1] 不令：不听从命令。此指不听老师的训导。

[2] 怼（duì）：怨恨。

[3] 鞭扑：此指用鞭子或棍棒抽打。 叱咄（chìduō）：呼喝，大声斥责。

为子弟择师，夫人知之[1]。独于训蒙之师[2]，多不加意。不知句读、音义所关最钜[3]。初上口时[4]，未能审正[5]；后来改定，便觉吃力。吾谓童蒙受业[6]，能句读分明、音义的确，则书理自易领会……故延蒙师不可不择，为人训蒙亦不可不深省。

[清] 汪辉祖《双节堂庸训》

注　释

[1] 夫：发语词。　人：人人，每个人。

[2] 独：只有。　训蒙：指教育儿童。

[3] 句读(dòu)：也作"句逗"。文辞语意已尽处为句，语意未尽而须停顿处为读。书面上用圈(句号)和点(读号)来标记。　音义：文字读音和文章含义。关：关系，关联。　钜：通"巨"。

[4] 上口：指诵读诗文纯熟，能顺口而出。

[5] 审正：仔细考察、纠正。

[6] 受业：从师学习。

欲为子弟择师，不宜止询一人[1]，恐其人以所亲所友荐，或过揄扬[2]，未必得实，必再加体问，果学优，而又严且勤者，方令子弟从游[3]。

[清] 唐彪《父师善诱法》

注　释

[1] 止：仅，只。

[2] 揄扬：赞赏，夸奖。

[3] 从游：随从求学。

诚心欲教子弟者,必不可故息子弟[1],更不可多存我见[2],宜与亲朋联络,虚心延访[3],同请名师,彼此互相趋就,虽所居少远[4],往来微艰,不可辞也。古人千里寻师,尚不惮远[5],何况同乡井乎?

[清]唐彪《父师善诱法》

注 释

[1] 故息:同"姑息"。无原则宽容。

[2] 我见:个人私见。

[3] 延访:请教。此指广为访求。

[4] 少:同"稍"。

[5] 惮:畏惧。

为子弟延师,须选品学兼优之人,即一时不得宿儒[1],亦须延端谨通达之士。礼貌不可稍衰,课程必有定则。倘延有文无行者为师[2],贻误不浅。语云:"近朱者赤,近墨者黑。"又曰:"与善人处,如入芝兰之室,久而不闻其香;与恶人处,如入鲍鱼之市,久而不闻其臭。"人鬼关一经悮投[3],不易脱出矣。

[清]周馥《负暄闲语》

注 释

[1] 宿儒:修养有素的儒士。

[2] 有文无行(xíng):有文才而人品不好。

[3] 悮(wù):同"误"。

聘重德才

　　今选社师[1]，务取年四十以上、良心未丧、志向颇端之士，不拘已未入学者[2]。

[明]吕坤《吕新吾社学要略》

注　释

[1] 社师：社学（古代地方学校）的老师。元、明、清于大乡巨镇各置社学，以生员（即秀才）为社师。

[2] 不拘已未入学者：不论已经或者还没有取得初级功名的人。入学，指有资格进入县一级学校。

人不可不学儒，学儒必从师，师最难得。不近人情，不通世务[1]，不读书者，便是小人矣[2]。

[清] 冯班《家戒》

注　释

[1] 世务：世情，时势。

[2] 小人：识见浅狭的人。

子弟三十以前，心志血气未有所定，虽贫且贱，不可辄离师傅[1]……师必择其刚毅正直、老成有德业者[2]，事之终身[3]。

[清]张履祥《训子语》

注 释

[1] 师傅：老师的通称。

[2] 德业：品德与学业。

[3] 事之终身：终身以之为老师。

尊师为要

人仅知尊敬经师[1]，而不知尊敬蒙师。经师束脩犹有加厚者[2]，蒙师则甚薄，更有薄之又薄者。……工夫得失，全赖蒙师。

〔清〕唐彪《父师善诱法》

注　释

[1] 经师：传授经学的老师。

[2] 束脩：亦作"束修"。此指聘用老师的聘金。

"一起成长"家庭阅读系列

为人父母必读·传家宝鉴（全三册）

教养子女必备·启蒙宝鉴（全三册）

封面题字：刘运峰

策划编辑：田　睿　万富荣

责任编辑：万富荣

封面设计：周桐宇

"一起成长"家庭阅读系列

为人父母必读·传家宝鉴

下

夏家善　编著

南开大学出版社

天　津

下册目录

择业 ································ 511

　　立业治生 ···················· 512

　　业精一艺 ···················· 529

　　自食其力 ···················· 534

为官 ································ 539

　　为官清廉 ···················· 540

　　居官勤慎 ···················· 548

　　莅官自警 ···················· 552

　　信守法纪 ···················· 558

　　功高身退 ···················· 562

交友 ································ 567

　　知人择交 ···················· 568

　　交友有道 ···················· 584

　　绝友循则 ……………………… 606

婚嫁 ………………………………… 611

　　早婚应戒 ……………………… 612

　　择配宜当 ……………………… 618

　　婚不论财 ……………………… 634

　　婚事简办 ……………………… 640

养生 ………………………………… 647

　　调理饮食 ……………………… 648

　　力戒恼怒 ……………………… 656

　　起居有常 ……………………… 664

　　心静身动 ……………………… 672

　　重养慎补 ……………………… 676

后事 ………………………………… 685

　　薄物质遗产 …………………… 686

　　立简葬之规 …………………… 696

戒恶习 ……………………………… 725

　　劝戒烟酒 ……………………… 726

　　戒赌禁毒 ……………………… 742

后记 ………………………………… 755

择业

立业治生

人生在世，会当有业[1]：农民则计量耕稼[2]，商贾则讨论货贿[3]，工巧则致精器用[4]，伎艺则沉思法术[5]，武夫则惯习弓马，文士则讲议经书。多见士大夫耻涉农商[6]，羞务工伎，射则不能穿札[7]，笔则才记姓名，饱食醉酒，忽忽无事[8]，以此销日，以此终年。

[南北朝] 颜之推《颜氏家训》

注　释

［1］会:应当。　业:职业,专业。

［2］计量:盘算、筹划。

［3］商贾(gǔ):商人的统称。　货贿:本指
　　财富。这里指发财之道。

［4］工巧:能工巧匠。这里指工匠。

［5］伎艺:同"技艺",即手艺。这里指艺
　　人。　法术:方法技术。这里指技艺。

［6］耻:耻于,以干某种事为耻。

［7］札:古代铠甲上的金属叶片。

［8］忽忽:恍惚。

治生不同[1]：出作入息，农之治生也；居肆成事[2]，工之治生也；贸迁有无[3]，商之治生也；膏油继晷[4]，士之治生也。然士为四民之首[5]，尤当砥砺表率[6]，效古人体天地育万物之志，今一生不能治，何云丈夫哉[7]！

[宋] 叶梦得《石林治生家训要略》

注　释

[1] 治生:经营家业,谋生计。

[2] 肆:作坊,店铺。

[3] 贸迁:贩运买卖。

[4] 膏油继晷(guǐ):膏油,油脂,此指灯光;晷,日光。膏油继晷,是指夜以继日地勤奋学习。

[5] 四民:旧称士、农、工、商为四民。

[6] 砥砺:磨炼,锻炼。　表率(shuài):榜样。

[7] 云:说。　丈夫:犹言大丈夫。即有志气、有节操、有作为的男子。

人之有子，须使有业[1]。贫贱而有业[2]，则不至于饥寒；富贵而有业，则不至于为非。凡富贵之子弟，耽酒色[3]，好博奕[4]，异衣服[5]，饰舆马[6]，与群小为伍[7]，以至破家者，非其本心之不肖，由无业以度，遂起为非之心。小人赞其为非[8]，则有餔啜钱财之利[9]，常乘间而翼成之[10]。子弟痛宜省悟。

[宋]袁采《袁氏世范》

注 释

[1] 业:职业。

[2] 而:如果。

[3] 耽(dān):沉迷,迷恋。 色:指女色。

[4] 博奕:博戏和围棋。博,指博戏,又叫局
戏,为古代的一种游戏,六箸十二棋。
奕:通"弈"。

[5] 异衣服:异,奇异。异衣服,穿奇装
异服。

[6] 饰舆马:舆,车。饰舆马,装饰车马。

[7] 群小:众小人。指道德卑下的人们。
伍:同类,一伙。

[8] 赞:佐助。

[9] 餔啜(bū chuò):餔,吃;啜,喝。餔啜,
吃喝。

[10] 乘间(jiàn):趁空,钻空子。 翼成:
助成。

人有常业[1]，则富不暇为非[2]，贫不至失节[3]。

［明］许相卿《许云邨贻谋》

注　释

[1] 常业：固定的职业。

[2] 暇：空闲，闲暇。　为非：做坏事。

[3] 不至：不至于。表示不会出现某种结果。　失节：丧失节操。

子弟以儒书为世业[1]，毕力从之。力不能，则必亲农事，劳其身，食其力，乃能立其家，否则束手坐困，独不患冻馁乎[2]？思祖宗之勤苦，知稼穑之艰难，必不甘为人下矣。

〔明〕庞尚鹏《庞氏家训》

注　释

[1] 世业：世代相传的事业或职业。

[2] 独：岂，难道。

人须各务一职业，第一品格是读书[1]，第一本等是务农[2]。外此，为工为商，皆可以治生[3]，可以定志[4]，终身可免于祸患。惟游手放闲[5]，便要走到非僻处所去[6]，自罹于法网[7]，大是可畏。劝我后人，毋为游手[8]，毋交游手，毋收养游手之徒。

[明]姚舜牧《药言》

注　释

[1] 品格:高下的等级。

[2] 本等:此指重要的职业。

[3] 治生:谋生计。

[4] 定志:集中意志,专心。

[5] 放闲:放归赋闲。即闲散无正业。

[6] 非僻:亦作"非辟"。邪恶。

[7] 罹(lí):遭受。

[8] 游手:闲荡不务正业。

近世以耕为耻，只缘制科文艺取士[1]，故竟趋浮末[2]，耻非所耻耳。若汉世孝悌力田为科[3]，人即以为荣矣。实论之，耕则无游惰之患[4]，无饥寒之忧，无外慕失足之虞[5]，无骄侈黠诈之习[6]，思无越畔[7]，土物爱，厥心臧[8]，保世承家之本也。但因而废学，一任蚩顽[9]，则不可耳。

［清］张履祥《训子语》

注　释

[1] 缘:凭借。

[2] 浮末:旧指工商行业。古代以农为本,工商为末,以其追逐浮利,故称。

[3] 孝悌力田:亦作"孝弟力田"。汉代选拔官吏的科目之一。始于汉惠帝时,其名是奖励有孝悌德行和努力耕作者。中选者常受到赏赐,并免除一切徭役。到汉文帝时,中选者与"三老"(古代掌教化的官)同为郡中掌教化的乡官,并且成为定员。

[4] 游惰:游荡懒惰。

[5] 虞:忧虑。

[6] 骄侈:骄纵奢侈。

[7] 畔:田界。

[8] 厥:其。　臧(zāng):善,好。

[9] 蚩顽:无知愚顽。

天下无易成之业，而亦无不可成之业。各守乃业，则业无不成；各安其志[1]，则志无旁骛[2]。毋相侵扰，毋敢怠荒[3]。宁习于勤劬[4]，勿贪夫逸乐；宁安于朴守[5]，勿事乎纷华[6]。

［清］爱新觉罗·胤禛《圣谕广训》

注 释

[1] 安：稳，稳定。

[2] 旁骛：别有追求而不专心。

[3] 怠荒：懒惰放荡。

[4] 勤劬(qú)：辛勤劳累。

[5] 朴守：保持淳朴。

[6] 纷华：繁华富丽。

子弟必使之有业，士农工商四者皆可为，若不为此[1]，则闲民矣[2]。闲民而后无所入，无所入则饿，饿则无所不为。四民之中，执其一业[3]，岁必有所入[4]，有所入而量以为出，可不饿矣。

〔清〕焦循《里堂家训》

注　释

[1] 为此：干这些职业。指士农工商。

[2] 闲民：无正常事业的人。

[3] 执：从事。

[4] 岁：指每一年。

子弟非甚不才[1]，不可不业儒。治儒业日讲古先道理[2]，自能爱惜名义，不致流为败类。命运亨通，能由科第入仕固为美善[3]；即命运否塞[4]，藉翰墨糊口[5]，其途尚广[6]，其品尚重[7]。故治儒业者，不特为从宦之阶[8]，亦资治生之术[9]。

[清]汪辉祖《双节堂庸训》

注 释

[1] 甚:非常。

[2] 古先:古代,往昔。

[3] 科第:科举考试。

[4] 即:即使。　否(pǐ)塞:困厄。

[5] 藉:凭借。　翰墨:笔墨。此指作文、
　　写字。

[6] 途:道路。

[7] 品:品质,品德。　重:高尚。

[8] 从宦:做官,执政。　阶:台阶。

[9] 资:帮助。　治生:谋生。

儒者以治生为急，岂能皆读书。如一家有数子，以其半读书，其半治生可也。治生者，无读书者助其体面，则生计亦不成；读书者，无治生者资其衣食[1]，岂能枵腹而读哉[2]，故两者恒相资，不可相厌[3]。

［清］张习孔《家训》

注　释

[1] 资：资助，供给。

[2] 枵(xiāo)腹：空腹。指饥饿。

[3] 厌：嫌弃。

业精一艺

天生一人[1]，自料一人衣禄[2]，若肯高低各职一业[3]，大小自成结果[4]。

[明] 温璜《温氏母训》

注 释

[1] 天生：天然生成。父母所生的通俗说法。

[2] 自料：自己估量。 衣禄：犹俸禄。

[3] 职：任职。

[4] 结果：成果，成就。

无论执何艺业，总要精力专注。盖专一有成，二三鲜效[1]，凡事皆然。譬以千金资本专治一业[2]，获息必夥[3]。百分其本[4]，以治百业，则不特无息[5]，将并其本而失之[6]。人之精力亦复犹是。

[清] 汪辉祖《双节堂庸训》

注 释

[1] 二三:时二时三,反复无定。

[2] 金:古代计算货币的单位。有时以一斤为一金,有时以一镒为一金,因时而异。清代多以银一两为一金。

[3] 息:利。 夥(huǒ):多。

[4] 百分其本:百,泛指多。百分其本,指将资本分散到多处。

[5] 特:但,仅。

[6] 并:连同。

我知二十世纪觅食维艰[1]，故定家规，甚望我子孙各精一艺，凡子孙读书毕业后及二十一岁后，不愿入专门学堂读书者，应全自谋生路，父母不再资助，循西例也[2]。

［清］郑观应《待鹤老人嘱书》

注 释

[1] 觅食：寻找食物。这里指谋生。

[2] 西例：西方国家的做法。

立志在青年，老来悔已晚。须观有用书，学业身之本[1]。蜘蛛能结网，仰食愧为人[2]。一艺不能学，何由寄此身。

[清]郑观应《训子侄肄业日本者》

注　释

[1] 身：立身。

[2] 仰(yǎng)食：依靠他人而得食。

自食其力

　　人惟游惰[1]，必致饥寒。其余一名一艺[2]，皆可立业成家。但须行之以实，持之以恒。有一事昧己瞒人[3]，便为人鄙弃。昔仁和张氏[4]，以说书艺花为生[5]，得有辛工[6]，随手散去。有劝其为子孙计者[7]。曰[8]："吾福子孙多矣[9]。"诘之。曰[10]："若辈生具耳、目、手、足[11]，尽可自活。"真达识哉[12]！

　　　　　　　　　[清]汪辉祖《双节堂庸训》

注　释

[1] 游惰:放纵懈怠。

[2] 一名一艺:任何一种技艺。

[3] 昧己瞒人:昧着良心背着他人（干坏事）。

[4] 仁和:旧县名。宋太平兴国四年（979年）改钱江县置,治所即今杭州市。1912年与钱塘合并为杭县。

[5] 说书:旧时艺人在庙宇、茶肆中讲史或说故事,俗称说书。　艺花:种花。

[6] 辛工:辛苦工作挣得的钱财。

[7] 为子孙计:为子孙打算。这里指为子孙遗留财富。

[8] 曰:以下的话为张氏所说。

[9] 福:造福。

[10] 曰:以下的话仍为张氏所说。

[11] 若辈:彼辈,他们。此指其子孙。

[12] 达识:透彻的见识。

仕宦之家[1]，不蓄积银钱[2]，使子弟自觉一无所恃[3]，一日不勤，则将有饥寒之患[4]，则子弟渐渐勤劳，知谋所以自立矣[5]。

[清] 曾国藩《家书》

注　释

[1] 仕宦：指官员。

[2] 蓄积：积聚，储存。

[3] 一无所恃：一点也没有可以依仗的。

[4] 患：忧虑。

[5] 谋：谋取。　所以：可以。

凡人之生，无论贫富，自食其力[1]，若藉父兄之庇荫、戚族之周恤[2]，虽丰衣美食亦可耻也[3]。

［清］郑观应《训儿女书》

注　释

[1] 自食其力：靠自己的劳动养活自己。

[2] 庇荫：庇护。　周恤：周济。

[3] 丰衣美食：丰足的衣服，精美的食品。

无论男女，除读书外，必日有手艺进款[1]，勿使饱食终日[2]，无所用心[3]，奢侈无度[4]。

[清]郑观应《致天津翼之五弟书》

注　释

[1] 进款：此指个人收入的银钱。

[2] 饱食终日：成天吃饱喝足。多用于贬义，如饱食终日，无所事事。

[3] 无所用心：不动脑，什么都不关心、不思考。

[4] 奢侈：亦作"奢夅"。挥霍浪费，追求过分享受。　无度：不加节制。

为官

为官清廉

汝守官处小心不得欺事[1]，与同官和睦多礼，有事只与同官议，莫与公人商量[2]，莫纵乡亲来部下兴贩[3]，自家且一向清心做官，莫营私利。

[宋]范仲淹《戒子侄》

注　释

[1] 守官：指做官。

[2] 公人：封建时代称衙门里的差役。

[3] 兴（xīng）贩：经商，贩卖。

当官之法惟有三事：曰清、曰慎、曰勤。知此三者则知所以持身矣[1]。然世之仕者临财当事不能自克[2]，常自以为不必败，持不必败之意，则无不为矣。然事常至于败而不能自已。故设心处事[3]，戒之在初，不可不察[4]。

〔宋〕吕祖谦《舍人官箴》

注　释

[1] 持身：立身，修身。

[2] 自克：自我克制。

[3] 设心：用心，居心。　处事：办事。

[4] 不察：不察知，不了解。

若夫为官者俭，则可以养廉[1]。居官、居乡只缘不俭[2]，宅舍欲美，妻妾欲奉[3]，仆隶欲多，交游欲广，不贪何从给之？与其寡廉[4]，孰若寡欲[5]？语云："俭以成廉，侈以成贪。"此乃理之必然者。

[清] 爱新觉罗·玄烨《庭训格言》

注　释

[1] 养廉：养成和保持廉洁的操守。

[2] 居官：担任官职。

[3] 奉：侍候，拥戴。

[4] 与其：如其，像这样。

[5] 孰若：何如，还不如。

天无私覆[1]，地无私载[2]，日月无私照[3]。为官去得一私字，便是好官宰[4]。

[清]彭玉麟《家书》

注 释

[1] 私覆：覆盖有所偏私。

[2] 私载：负载有所偏私。

[3] 私照：犹偏照。即特地照耀。

[4] 官宰：官员。

一旦握政柄[1]，请托之函牍盈数尺[2]，最足可叹可怜事。用之，则引私人结朋党[3]，无补于国事，图糜国库，且有藉势横行乡间，擅作威福，害及官声[4]。此事余所切戒，是以余之戎幕[5]，不容有一亲故[6]，恐其违法而有私情屈逆吾心[7]，不能正法[8]。

[清] 彭玉麟《家书》

注 释

[1] 政柄:政治大权,政治权力。

[2] 函牍:书信,信件。

[3] 朋党:指同类的人以恶相济而结成的集
团。后指因政见不同而形成的相互倾
轧的宗派。

[4] 官声:为官的声誉。

[5] 是以:因此,所以。 戎幕:军府,幕府。

[6] 亲故:亲朋故旧。

[7] 屈:使屈服。 逆:违背。

[8] 正法:正法制,依法制裁。

大凡做官的人，往往厚于妻子而薄于兄弟[1]，私肥于一家而刻薄于亲戚族党。予自三十岁以来，即以做官发财为可耻，以宦囊积金遗子孙为可羞可恨，故私心立誓[2]，总不靠做官发财以遗后人。神明鉴临[3]，予不食言[4]。

[清] 曾国藩《家书》

注　释

[1] 妻子：此指妻子和儿女。

[2] 私心：个人决心。

[3] 神明：天地间一切神灵的总称。

[4] 食言：背弃诺言。

作官之钱，皆取之百姓，非好钱也。故好官不爱钱。吾虽无德，岂愿以此等之钱，豢养汝曹私妻子哉[1]！

［清］吴汝纶《与儿书》

注 释

[1] 豢（huàn）养：喂养。 汝曹：你们一辈。 私妻子：偏爱妻子。

居官勤慎

居官者[1]，宜晚眠早起，头梆皷嗽[2]，二梆视事[3]，虽无事亦然。庶几习惯成性[4]，后来猝然到任繁剧[5]，不觉其劳，翻为受用[6]。

[清]聂继模《诫子书》

注 释

[1] 居官:担任官职。

[2] 靧(huì):洗脸。　 嗽:同"漱",漱口。

[3] 视事:此指办理政务,即办公。

[4] 庶几:也许可以。

[5] 猝(cù):突然。　 繁剧:事务繁重之极。

[6] 翻为:反为。

幸而宦成归里[1]，当以谨身立行[2]，矜式乡党[3]。一切公事不宜干预，地方官长无相往还[4]。遇有知交故旧，更宜引嫌避谢[5]，稍可指摘，即为后进揶揄[6]。

　　［清］汪辉祖《双节堂庸训》

注 释

[1] 宦成:官居高位。

[2] 谨身立行:小心谨慎地约束自己,树立良好的品行。

[3] 矜式:敬重。

[4] 往还:来往。

[5] 引嫌:为防嫌疑,自请回避。 避谢:用推辞躲避。

[6] 后进:泛指后辈。 揶揄（yé yú）:嘲笑,讽刺。

莅官自警

承庆天潢[1]，滥登璇极[2]，袭重光之永业[3]，继宝箓之隆基[4]。战战兢兢，若临深御朽[5]，日慎一日，思善始而令终[6]。

[唐]李世民《帝范》

注　释

[1] 天潢:皇族,皇帝的后裔。

[2] 滥登璇极:璇极,亦作"璿极"。此指天子之位。滥登璇极,登上帝位的婉转说法。

[3] 袭:承袭,继承。　重(chóng)光:日光重明。比喻后王继前王的功德。(此时李世民继皇帝位,李渊当时仍健在,称太上皇。故称重光。)　永业:此指唐王朝的永久基业。

[4] 宝箓(lù):传说中凤凰先后授予黄帝和帝尧的符箓。在此用以象征天命。

[5] 临深御朽:临深,面临深渊;御朽:以朽索御马。临深御朽,喻危险恐惧。

[6] 令终:令,善,美。令终,好的结果。

若是做官，必须正直忠厚，赤心随分报国[1]。固不可效我之狂愚[2]，亦不可因我为吏受祸，遂改心易行[3]，懈了为善之志，惹人"父贤子不肖"之笑。

〔明〕杨继盛《谕应尾应箕两儿》

注　释

[1] 随分（fèn）：依据本性，按照本分。

[2] 狂愚：狂妄愚昧。

[3] 改心：转变思想、态度。　易行（xíng）：改变行为的方向。

余以名位太隆[1]，常恐祖宗留贻之福自我一人享尽[2]，故将劳、谦、廉三字时时自惕[3]，亦愿两贤弟之用以自惕。

［清］曾国藩《家书》

注 释

[1] 名位：官职与品位，名誉与地位。 隆：盛，显赫。

[2] 贻(yí)：贻留，给予。

[3] 自惕：自我戒惧，自我畏惧。

自以菲材久窃高位[1]，兢兢栗栗[2]，惟是不贪安逸、不图丰豫以报圣主之厚恩[3]，即以为稍惜祖宗之余泽。

［清］曾国藩《致丹阁十叔》

注 释

[1] 菲材：亦作"菲才"。浅薄的才能。多用作自谦之词。

[2] 兢兢：小心谨慎的样子。 栗栗：畏惧的样子。

[3] 丰豫：谓非常舒适安逸。

余五旬外之人也[1]，官服一品[2]，名满天下，然犹兢兢也，常自恐惧，不敢放恣[3]。

〔清〕张之洞《致儿子》

注　释

[1] 旬：十岁。

[2] 一品：封建社会中官品最高的一级。自三国魏以后，官分九品，最高者为一品。

[3] 放恣：放纵。

信守法纪

莅官则洁己省身[1]，而后可以言守法，守法而后言养人[2]。直不近祸[3]，廉不沽名[4]。

〔唐〕柳玭《柳氏家训》

注 释

[1] 莅(lì)官：到职，居官。　洁己省身：自身干净，并注意检查自己的思想行为。

[2] 养人：教育熏陶他人。

[3] 直：公正，正直。

[4] 廉：廉洁，不贪。　沽名：猎取名誉。

居官当如居家[1]，必有顾藉[2]；居家当如居官，必有纲纪[3]。

[宋]袁采《袁氏世范》

注　释

[1] 居官:担任官职。　居家:指在家的日常生活。

[2] 顾藉:顾念,顾惜。

[3] 纲纪:法度,纲常。

朝廷设官以治尊卑相统[1]。不特富户、平人当守部民之分[2]，即曾居显宦[3]，总在地方官管内，礼宜谦恭致敬。俗所谓"宰相归来拜县门"也。若身在仕途[4]，亦宜约敕子弟、家人[5]，谨守法度。投鼠忌器之故[6]，不可不知。

［清］汪辉祖《双节堂庸训》

注　释

[1] 相统:相互统一。

[2] 不特:不只,不仅。　部民:被统属的民众。

[3] 显宦:高官,达官。

[4] 仕途:指官场。

[5] 约敕(chì):亦作"约饬"。约束诫饬。

[6] 投鼠忌器:《汉书·贾谊传》载,"里谚曰:'欲投鼠而忌器',此善谕也。鼠近于器,尚惮不投,恐伤其器,况于贵臣之近主乎!"后称做事有所顾忌、不敢放手进行为"投鼠忌器"。

功高身退

吾顷以老患辞事[1]，不悟天慈降恩[2]，爵逮于汝[3]。汝其毋傲吝[4]，毋荒怠[5]，毋奢越[6]，毋嫉妒；疑思问，言思审，行思恭，服思度[7]；遏恶扬善[8]，亲贤远佞；目观必真，耳属必正[9]；诚勤以事君，清约以行己[10]。

［南北朝］源贺《敕诸子》

注　释

[1] 顷:近来,不久前。　老患:年老有病。　辞事:此指辞去官职。

[2] 不悟:没料想。　天慈:皇帝的慈爱。

[3] 爵:指官爵。源贺长子延,初以功臣子被赐为侍御中散,后为西治都将。次子思礼(赐名怀),在父辞官后,由侍御中散升为征南将军、殿中尚书、尚书右仆射。　逮:及,到。引申为赐给。

[4] 其:可,还是。表示祈使。　傲吝:傲慢吝啬。

[5] 荒怠:荒淫怠惰。

[6] 奢越:奢侈僭越。

[7] 服:指穿着。

[8] 遏:阻止。

[9] 属(zhǔ):连接。引申为耳之所接,即听到。

[10] 清约:清廉简约。

吾今年始七十五，自惟气力，尚堪朝觐天子[1]，所以孜孜求退者[2]，正欲使汝等知天下满足之义，为一门法耳[3]，非是苟求千载之名也[4]。

[南北朝]杨椿《诫子孙》

注 释

[1] 朝觐(jìn)：臣子朝见君主。

[2] 孜孜：恳切，一再。 退：引退。即退休。

[3] 门法：本指家法。这里引申为榜样。

[4] 苟：希望。

又以郊际闲旷[1]，终可为宅，傥获悬车致事[2]，实欲歌哭于斯[3]。

〔南北朝〕徐勉《诫子崧》

注　释

[1] 以：因为，由于。

[2] 傥（tǎng）：倘若，假使。　悬车：亦作"县车"。指辞官家居。　致事：同"致仕"。旧谓交还官职，即辞官。

[3] 歌哭：既歌又哭。这里指尽情抒发自己的感情。

今幸盗贼稍平，以塞责求退[1]，归卧林间[2]，携尔曹朝夕切磋砥砺[3]，吾何如之！偶便[4]，先示尔等，尔等勉焉，勿虚吾望。

[明]王守仁《赣州书示四侄》

注 释

[1]塞(sè)责：尽责。 求退：即请求退休。

[2]归卧林间：辞官归隐。

[3]切磋砥砺：研讨学问，磨炼操行。

[4]偶便：遇到了方便的机会。

交友

知人择交

　　人在年少，神情未定，所与款狎[1]，熏渍陶染，言笑举动，无心于学[2]，潜移暗化[3]，自然似之；何况操履艺能[4]，较明易习者也[5]？是以与善人居[6]，如入芝兰之室，久而自芳也；与恶人居[7]，如入鲍鱼之肆[8]，久而自臭也。墨子悲于染丝[9]，是之谓也。君子必慎交游焉。

　　　　［南北朝］颜之推《颜氏家训》

注 释

[1] 款狎:指交往密切亲近。

[2] 无心于学:指没有存心跟着学。

[3] 潜移暗化:即"潜移默化"。

[4] 操履:操守德行。 艺能:技艺才能。

[5] 较明易习:比较容易学到的。

[6] 善人:有道德的人,善良的人。

[7] 恶(è)人:坏人。

[8] 鲍鱼:盐渍的鱼,带有一种很浓的腥秽味。 肆:店铺,作坊。

[9] 墨子(约前468—前376):春秋战国之际思想家、政治家。墨家的创始人。名翟,相传原为宋国人,后长期住在鲁国。曾学习儒术,因不满其烦琐之"礼",另立新说,成为儒家的主要反对派。现存《墨子》五十三篇。 墨子悲于染丝:语出《墨子·所染》。意思是,墨子见到染丝的发出感叹,说丝染在什么颜色里就会变成什么颜色。

结交须择善[1]，非识莫与心[2]。若知管鲍志[3]，还共不分金[4]。

［唐］王梵志《世训格言诗》

注　释

[1] 择:选择。

[2] 与心:交心。

[3] 管鲍:春秋时管仲和鲍叔牙的并称。两人相知最深,后常用以比喻交谊深厚的朋友。

[4] 分金:指管、鲍分金的故事。据《史记·管晏列传》载,管、鲍少时为好朋友。后来二人一块儿经商,因管仲家贫,分钱时,管仲常常多取,鲍叔牙从不以为管仲贪心,因为知道管仲家贫。

交游之间[1]，尤当审择[2]。虽是同学，亦不可无亲疏之辨。此皆当请于先生，听其所教。大凡敦厚忠信，能攻吾过者[3]，益友也[4]；其谄谀轻薄[5]，傲慢亵狎[6]，导人为恶者[7]，损友也[8]。推此求之，亦自合见得五七分[9]。更问以审之，百无所失矣。

[宋] 朱熹《朱子训子帖》

注　释

［1］交游:亦作"交遊"。交际,结交朋友。

［2］审择:慎重地选择。

［3］攻:指责。

［4］益友:有益的朋友。

［5］谄谀:阿谀奉承。　轻薄:轻佻浮薄。

［6］亵狎:亲近而不庄重。引申为轻慢。

［7］导:引导,诱导。

［8］损友:对自己有害的朋友。

［9］自合:自应,本应。

与人交游[1]，宜择端雅之士[2]，若杂交终必有悔[3]，且久而与之俱化[4]，终身欲为善士[5]，不可得矣。

［宋］江端友《家训》

注　释

[1] 交游：结交朋友。

[2] 端雅之士：庄重文雅的人。

[3] 杂交：不加选择地随便交往。

[4] 俱化：等同。

[5] 善士：有德之士。

拣着老成忠厚、肯读书、肯学好的人[1]，你就与他肝胆相交[2]，语言必信，逐日与他相处，你自然成个好人，不入下流也[3]。

[明] 杨继盛《谕应尾应箕两儿》

注　释

[1] 拣：选择，挑选。

[2] 肝胆：比喻真心诚意。

[3] 下流：地位微贱的人。

宜慎交游，不可与便佞之人相与[1]。少年心性把握不定[2]，或落赌局[3]，或游狎邪[4]，渐入下流矣。[5]

［清］蒋伊《蒋氏家训》

注　释

[1] 便（pián）佞之人：善于巧言善辩、阿谀逢迎的人。

[2] 心性：性情，性格。

[3] 赌局：聚赌的集会或场所。

[4] 狎邪：小街，曲巷。这里借指妓院。

[5] 下流：下品，劣等。

狎昵恶少[1]，久必受其累[2]；屈志老成，急则可相依[3]。

[清]朱柏庐《治家格言》

注　释

[1] 狎昵：亲近，接近。

[2] 累(lěi)：连累，使受害。

[3] 急：此指遇到急难之事。

尔初入世途[1]，择交宜慎。友直，友谅，友多闻，益矣[2]。误交真小人[3]，其害犹浅；误交伪君子[4]，其祸为烈矣。盖伪君子之心，百无一同：有拗捩者[5]，有黑如漆者，有曲如钩者，有如荆棘者，有如刀剑者，有如蜂虿者[6]，有如虎狼者，有现冠盖形者[7]，有现金银气者……并且，此等外貌麟鸾、中藏鬼蜮之人[8]，最喜与人结交，儿其慎之。

[清]纪昀《纪晓岚家书》

注　释

[1] 世途:人生的道路。

[2] "友直"四句:出自《论语·季氏》。意思是,跟正直的人交朋友,跟诚实的人交朋友,跟见多识广的人交朋友,是有益的。

[3] 小人:识见浅狭的人。

[4] 伪君子:表面正派、实则欺世盗名的人。

[5] 拗捩(ào liè):执拗、不顺从。

[6] 蜂虿(chài):蜂与蝎。毒虫的泛称。

[7] 冠盖:官吏的服饰和车乘。借指官吏。

[8] 麟鸾:麟,传说中的珍兽;鸾,凤凰之类的神鸟。麟鸾,代指高贵之人。　鬼蜮(yù):比喻用心险恶、暗中伤人的人。

血气未定时[1]，习于善则善，习于恶则恶，交游不可不谨。与朴实者交，其弊不过拘迂而止[2]；交浮薄子弟[3]，则声色货利[4]，处处被其煽惑。才不可恃，财不可恃，卒至斁世业、玷家声[5]，祸有不可偻指数者[6]。

［清］汪辉祖《双节堂庸训》

注　释

〔1〕血气:指气质、感情。

〔2〕拘迂:呆板不合时宜。

〔3〕浮薄:轻浮,轻薄。

〔4〕声色货利:音乐、女色、货物、财利。

〔5〕隳(huī)世业:毁坏世代相传的产业。

　　玷:玷污。

〔6〕偻(lǚ)指:逐一屈指而数。

《论语》曰[1]："三人行，必有我师。"[2]凡交游往来及家中所用一切人，皆宜选朴实一流[3]。

[清] 周馥《负暄闲语》

注　释

[1]《论语》:儒家经典之一。其二十篇。是孔子弟子及其再传弟子关于孔子言行的记录。内容有孔子谈话、答弟子问及弟子间相与谈话。是研究孔子思想的主要资料。

[2]"三人行"句:出自《论语·述而》。意思是,处处有老师,应善于向别人学习,取长补短。

[3]朴实:淳朴诚实,质朴笃实。

交友有道

　　孔子曰："无友不如己者[1]。"颜、闵之徒[2]，何可世得[3]！但优于我，便足贵之[4]。

　　[南北朝] 颜之推《颜氏家训》

注　释

[1] "无友"句:出自《论语·学而》。意思是,不要与不同于自己的人交朋友。

[2] 颜、闵:指颜回和闵损。他们都是孔子学生中的杰出人物。颜回(前521—前490),名回,字子渊,亦称颜渊,春秋末鲁国人。贫居陋巷,箪食瓢饮,而不改其乐。孔子赞其德行。早卒,孔子极悲恸。后被封建统治者尊为"复圣"。闵损(前536—前487),名损,字子骞,春秋末鲁国人。在孔门中以德行与颜回并称。

[3] 世得:常得,常有。

[4] 贵:崇尚,敬重。

举世重交游[1]，拟结金兰契[2]。忿怨从易生[3]，风波当时起。所以君子心[4]，汪汪淡如水[5]。

［宋］范质《戒子侄诗》

注　释

[1] 交游:交结朋友。

[2] 金兰契:至交。此指互相投合、互相默契的朋友。

[3] 忿怨:怨恨。

[4] 君子:泛指才德出众的人。

[5] 汪汪淡如水:此指君子之交淡如水。

人非善不交[1]，物非义不取[2]。亲贤如近芝兰[3]，避恶如畏蛇蝎[4]。

[宋]邵雍《戒子孙》

注　释

[1] 人非善不交：是说不是贤良的人不和他交朋友。

[2] 非义：不义，不合乎道义。

[3] 亲贤如近芝兰：亲近贤人就像靠近芝草兰花一样。语本《荀子·王制》。

[4] 避恶如畏蛇蝎：躲避恶人就像害怕蛇蝎一样。

人之性行虽有所短[1]，必有所长。与人交游[2]，若常见其短，而不见其长，则时日不可同处[3]；若常念其长，而不顾其短[4]，虽终身与之交游可也。

[宋]袁采《袁氏世范》

注　释

[1] 性行：性格品行。

[2] 交游：交际，结交朋友。

[3] 时日：一时一日。

[4] 顾：看。

与人交游[1]，无问高下[2]，须常和易[3]，不可妄自尊大，修饰边幅[4]。若言行崖异[5]，则人岂复相近[6]！然又不可太衮狎[7]，樽酒会聚之际[8]，固当歌笑尽欢，恐嘲讥中触人讳忌，则忿争兴焉。

[宋]袁采《袁氏世范》

注　释

[1] 与人交游:同别人交朋友。

[2] 无问高下:不论高下等级。

[3] 和易:温和平易,温和平静。

[4] 修饰边幅:修饰,打扮;边幅,外表。修饰边幅,注重外表打扮。引申为过分注重小节小事。

[5] 崖异:高傲,不随俗。

[6] 岂复相近:哪肯再接近。

[7] 亵狎(xiè xiá):轻浮不庄重。

[8] 樽酒:樽,酒杯。樽酒,指饮酒。

损友敬而远[1]，益友宜相亲[2]，所交在贤德[3]，岂论富与贫。君子淡如水[4]，岁久情愈真[5]；小人如口蜜[6]，转眼成仇人。

[明]方孝孺《幼仪杂箴》

注 释

[1] 损友:对自己有害的朋友。

[2] 益友:有益的朋友。

[3] 贤德:善良的德行。

[4] 君子淡如水:即君子之交淡如水。

[5] 岁久:即时间长了。

[6] 小人:识见浅狭的人。

益者三友[1]，损者三友。学[2]，四方人才所聚，若所交俱英才[3]，及忠厚有德者，其益不可胜言[4]。若只泛交，与说闲话，为无益之事，其损亦不可胜言。谨默二字[5]，可铭诸心[6]。

[明]朱瞻基《寄从子希哲》

注　释

[1] 益者三友:语出《论语·季氏》:"益者三友,损者三友。"大意是,三种朋友有益,三种朋友有害。

[2] 学:学校。

[3] 英才:此指才智出众的人。

[4] 不可胜言:无法说尽。极言其多。

[5] 谨默:谨慎寡言。

[6] 铭:铭记,永远不忘。

与善人交[1]，如入芝兰之室[2]，久而不闻其香；与恶人交[3]，如入鲍鱼之肆[4]，久而不闻其臭。肝胆相照[5]，斯为心腹之交[6]；意气不孚[7]，谓之口头之交[8]。

[明]程登吉《幼学琼林》

注 释

[1] 善人:有道德的人,善良的人。

[2] 芝兰:芷和兰。皆香草。芝,通"芷"。

[3] 恶人:坏人。

[4] 鲍鱼:盐渍鱼,干鱼。其味腥臭。　肆:
　　店铺。

[5] 肝胆相照:比喻赤诚相见。

[6] 心腹之交:知心朋友。

[7] 意气:志趣,志向。　不孚:相悖,不
　　投合。

[8] 口头之交:表面亲密实无厚谊之交。

毋友莫己若[1]，勿交非吾徒[2]。

[明]黄氏《训子诗十三韵》

注　释

[1] 毋友莫己若：不要结交不宜做朋友的人。

[2] 非：不如，比不上。

汝与朋友相与[1]，只取其长[2]，弗计其短[3]。

[明] 温母陆氏《温氏母训》

注　释

[1] 相与：相处，相交往。

[2] 取：选择。　长：长处。

[3] 弗：不，不要。　计：计较。　短：短处。

与君子交当以恕[1]，君子或有不如人意时也；与小人交当以敬[2]，小人好侮人也[3]。

[清] 冯班《家诫》

注 释

[1] 恕：宽宥。

[2] 敬：警戒，警惕。

[3] 侮人：欺侮、轻慢别人。

近朱者赤，近墨者黑[1]，此择友之道应尔也[2]。

[清]林则徐《家书》

注　释

[1] 近朱者赤，近墨者黑：接近朱砂容易变红，接近墨容易变黑。强调客观环境具有很大的影响力。

[2] 尔：如此，这样。

择交是第一要事[1]，须择志趣远大者[2]。

［清］曾国藩《谕纪鸿》

注　释

[1] 择交:择友,选择交往朋友。

[2] 志趣:志向和情趣。

以势交者[1]，势倾则绝[2]；以利交者[3]，利穷则散[4]；唯道之交[5]，乃足与共患难、共安乐[6]。

[清]彭玉麟《家书》

注　释

[1] 势：权力，权势。

[2] 倾：倾塌，用尽。

[3] 利：利益。

[4] 穷：尽，完。

[5] 唯：只有。　道：道义。

[6] 乃：于是，才。　共患难：共同承受忧患和艰难。　共安乐：共同享受安宁与快乐。

《论语》"泛爱众而亲仁"句[1]，宜终身由之[2]，不独子弟应尔[3]。今人每喜与己性近者游[4]，且常爱其不胜己者[5]，是一大弊也。

［清］周馥《负暄闲语》

注　释

[1] 泛爱众而亲仁:出自《论语·学而》。大意为,广泛地爱护大众,亲近有仁德的人。

[2] 由:用。

[3] 应尔:应当这样。

[4] 游:结交,交往。

[5] 胜:胜过,超过。

绝友循则

夫交友之美[1]，在于得贤，不可不详[2]。而世之交者，不审择人，务合党众[3]，违先圣人交友之义[4]，此非厚己辅仁之谓也[5]。吾观魏讽[6]，不修德行，而专以鸠合为务[7]，华而不实，此直揽世沽名者也[8]。卿其慎之，勿复与通[9]！

[三国] 刘廙《诫弟纬》

注　释

[1] 美:好处。

[2] 详:审慎。

[3] 务:务必。　党众:集团。

[4] 先圣人:指孔子。

[5] 厚己辅仁:自己厚道并帮助别人培养仁
德之心。

[6] 魏讽:字子京,沛人。汉末为西曹掾。
曾与长乐卫尉陈祎共谋袭击邺城,攻曹
操。未到期,陈祎惧祸而密告曹操,魏
讽被杀。

[7] 鸠合:聚集,纠合。

[8] 直:真。　揽世:求取于世。

[9] 通:交往,往来。

游道虽广[1]，交义为长[2]。得在可久，失在轻绝[3]。久由相敬，绝由相狎[4]。

［南北朝］颜延之《庭诰》

注　释

[1] 游道：交游，结交朋友。

[2] 义：谓符合正义或道德规范。

[3] 轻绝：轻易弃绝，轻易断绝交往。

[4] 狎：轻忽，轻慢。

师友当以老成庄重、实心用功为良[1]，若浮薄好动之徒[2]，无益有损[3]，断断不宜交也[4]。

〔明〕吴麟徵《家诫要言》

注　释

[1] 老成庄重(zhòng)：老练稳重不轻浮。

[2] 浮薄：轻浮浅薄。

[3] 损：损害，伤害。

[4] 断断：绝对。用于否定式。

同学之友，如果诚实发愤，无妄言妄动[1]，固宜为同类[2]。倘或不然[3]，则同斋割席[4]，勿与亲昵为要。[5]

[清] 左宗棠《致孝威孝宽二子》

注 释

[1] 妄言：胡说。　妄动：胡乱行动。

[2] 固：一定，必定。

[3] 倘或：假如，如果。

[4] 同斋：共同在一所学舍读书。　割席：指《世说新语·德行》中所载管宁割席的故事。后因称朋友绝交为"割席"。

[5] 亲昵：亲密昵爱。

婚嫁

早婚应戒

人之男女，不可于幼小之时便议婚姻[1]……若早议婚姻，事无变易固为甚善，或昔富而今贫，或昔贵而今贱[2]，或所议之婿流荡不肖[3]，或所议之女很戾不检[4]。从其前约则难保家，背其前约则为薄义[5]，而争讼由之兴，可不戒哉！

[宋]袁采《袁氏世范》

注　释

[1] 议:商议,议定。

[2] 贱:地位低下。

[3] 流荡:放荡,不受约束。　不肖:不贤。

[4] 很戾:凶暴乖戾。　不检:不注意约束
自己的言行。

[5] 背:背弃。

弟好劝人早婚，好处固多，然亦微有差处[1]。谚云[2]："床上添双足，诗书高挂搁[3]。"亦至言也[4]。

注　释

[1] 微有：稍有，略有。

[2] 谚云：俗话说。

[3] 挂搁：悬搁。即从此不再读书。

[4] 至言：至理之言，至善之言。

宣化恶俗早婚[1]，有女长于男十岁八岁者[2]，酿案不少[3]。予尝严檄出示禁之[4]。

〔清〕周馥《负暄闲语》

注　释

[1] 宣化：清康熙三十二年(1693年)改宣德县置宣化县，为宣化府治。县址在今河北省宣化。　恶(è)俗：不良的风俗。

[2] 长(zhǎng)：相比之下年纪大。

[3] 酿案：此指因婚姻问题而造成的各种案件。

[4] 檄(xí)：古代用于征召、通告或声讨的文书。

我父尝言："每见朋友指腹联婚[1]，后来悔不可追。大抵儿女须过十岁[2]，彼此性情品貌已定，方为择配[3]，庶少后悔。迎娶必过十八岁[4]。尝见早婚多不寿[5]。"此语足以训后[6]。

[清] 周馥《负暄闲语》

注　释

[1] 每见:常常看到。　指腹联婚:亦作"指腹""指腹为婚""指腹为亲"。旧时包办婚姻的一种。双方尚在胎中,由父母预定,如为一男一女,即成立婚约。

[2] 大抵:大都。表示总结一般的情况。

[3] 择配:选择配偶。

[4] 迎娶:男方至女家接新妇完婚。

[5] 不寿:即不长寿。

[6] 训后:教诲后人,教诲后世。

择配宜当

男女惟选贤德[1]，门当户对
为姻[2]。访其家教可否[3]，不须
爱富嫌贫。

[宋] 苏洵《安乐铭》

注　释

[1] 选：指择偶时慎重考虑。

[2] 门当户对：指男女双方家庭的社会地位
　　和经济状况相当，结亲很合适。

[3] 访：调查，寻访。

男女议亲不可贪其阀阅之高[1]，资产之厚。苟人物不相当，则子女终身抱恨[2]，况又不和而生他事者乎？

［宋］袁采《袁氏世范》

注　释

[1] 阀阅：泛指门第、家世。

[2] 抱恨：此指心中存有不满意之事。

有男虽欲择妇，有女虽欲择婿，又须自量我家子女如何。如我家子愚痴庸下[1]，若娶美妇，岂特不和[2]，或有他事。如我女丑拙狠妒[3]，若嫁美婿，万一不和，卒为其弃出者有之[4]。凡嫁娶因非偶而不和者[5]，父母不审之罪也[6]。

［宋］袁采《袁氏世范》

注 释

[1] 庸下:平庸低下。

[2] 岂特:难道只是,何止。

[3] 丑拙:丑陋笨拙。

[4] 弃出:妻子被休弃而离开夫家。即离婚。

[5] 非偶:偶,配偶。非偶,不相配。

[6] 不审:不慎重。

婚嫁必须择温良有家法者，不可慕富贵，以亏择配之义[1]。其豪强逆乱[2]，世有恶疾者[3]，毋得与议[4]。

〔元〕郑文融《郑氏规范》

注　释

[1] 亏：违背。

[2] 豪强：指有权势而强横的人。　逆乱：乖戾失常。

[3] 恶疾：难以医治的疾病。

[4] 议：商谈婚姻之事。

凡议婚姻，当择其婿与妇之性行及家法如何[1]，不可徒慕一时之富贵[2]。盖婿妇性行良善，后来自有无限好处；不然，虽贵与富无益也。

［明］姚舜牧《药言》

注　释

[1] 性行（xíng）：本性与行为。　家法：治家的礼法。

[2] 徒：只，仅。

嫁女娶妇[1]，但择儒素有家法者最善[2]。

[清] 冯班《家戒》

注　释

[1] 娶妇:谓男子结婚。

[2] 但:只。　儒素:儒者的素质,指符合儒家思想的品格德行。

婚娶不可慕眼前势利，择婿须观其品行，娶妇须观其父母德器[1]。一诺之后[2]，不得贫贱患难遂生悔心[3]。

[清] 蒋伊《蒋氏家训》

注　释

[1] 德器：道德修养与才识度量。

[2] 诺：应允，同意。

[3] 悔心：悔改之心。

相女配夫[1]，古人言之。不知聘妇尤当相子[2]。若子不才而徒希门阀[3]，女子甚贤，自安义命[4]。非然者，天壤之间，乃有王郎[5]。必将薄视其夫，酿为家门之祸。礼聘之始[6]，何可不慎？

　　［清］汪辉祖《双节堂庸训》

注 释

[1] 相（xiàng）女配夫：看女子的具体情况选择配偶。

[2] 相子：考察男子的容貌、品行、才能等情况（为其婚配）。

[3] 门阀：门第阀阅。指封建社会中的世代显贵之家。

[4] 义命：天命。

[5] "天壤"二句：据南朝刘义庆《世说新语·贤媛》载，晋谢道韫嫁王凝之，不称意，叔父谢安慰解之。道韫曰："不知天壤之中，乃有王郎！"后因称妇女所嫁丈夫不称其意为抱"天壤王郎"之恨。

[6] 礼聘：备礼聘娶。

子孙繁昌，类皆先世积善所致。择婿聘妇，俱望其裕后兴宗[1]。残刻之家[2]，富不可保，贵亦难恃。目前荣盛，转睫雕零[3]。惟恭俭孝友、家风醇谨者[4]，其子女目濡耳染[5]，无浇薄习气[6]，可以为婿，可以为妇。虽境地平常，余庆所钟[7]，必有承其流泽者。

[清] 汪辉祖《双节堂庸训》

注 释

[1] 裕后:为后人造福。　兴宗:使宗族
兴旺。

[2] 残刻:凶暴刻薄。

[3] 转睫:眨眼。喻时间短促。

[4] 恭俭:恭谨俭约。　醇谨:淳朴严谨。

[5] 目濡(rú)耳染:亦作"耳濡目染"。形容
常常看见听见,不知不觉受到影响。

[6] 浇薄:指社会上的浮薄风气。

[7] 余庆:余福。指泽及后人。　钟:汇聚,
集中。

程子曰[1]："嫁女必须胜我家者，娶妇必须不若我家者[2]。"此为使妇女必敬必戒之意。然人事天缘[3]，不能一概拘执[4]。俗语："朋友一世，亲戚三世。"后来贫富，安能预度[5]？惟择其人家存心忠厚、治家有礼法者为主义[6]。

[清]周馥《负暄闲语》

注 释

[1] 程子:对宋代理学家程颢、程颐的尊称。程颢、程颐兄弟二人,同为北宋哲学家、教育家。宋洛阳人。二人学于周敦颐,同为北宋理学的奠基者,世称"二程"。他们的学说为朱熹继承和发展,世称程朱学派。

[2] 不若:不如,比不上。

[3] 天缘:天意促成的因缘、机缘。

[4] 拘执:拘泥。

[5] 预度(duó):预测。

[6] 存心:用心着意。 主义:对事情的主张。

嫁女必择勤俭朴厚人家[1]。观事事着实[2]，今日虽贫，将来必发。若慕富贵联姻[3]，不问其人存心作事如何[4]，纵一时薰焰逼人[5]，迨我女嫁时[6]，彼家运已中落[7]，我女适当其厄[8]。

[清]周馥《负暄闲语》

注　释

[1] 朴厚:朴质厚道。

[2] 着实:实在。

[3] 慕:贪慕。

[4] 存心:犹"居心"。

[5] 薰焰:气势极盛。

[6] 迨:等到。

[7] 中落:中途衰落。

[8] 适:恰好。　厄:灾难,困苦。

婚不论财

婚姻素对[1]，靖侯成规[2]。近世嫁娶，遂有卖女纳财[3]，买妇输绢[4]，比量父祖[5]，计较锱铢[6]，责多还少[7]，市井无异[8]。或猥婿在门[9]，或傲妇擅室[10]，贪荣求利[11]，反招羞耻，可不慎欤？

〔南北朝〕颜之推《颜氏家训》

注　释

[1] 素对:清白的配偶。

[2] 靖侯成规:靖侯,颜之推的九世祖颜含死后加封的称号。颜含有一女,当时权臣桓温要和他家联姻,颜含因厌其富有而未应。"靖侯成规",即指此。

[3] 卖女纳财:指嫁女索要财礼。

[4] 买妇输绢:指娶妇向女方送厚礼。

[5] 比量:此指衡量祖辈和父辈的权势。

[6] 计较:争辩,较量。　锱铢(zī zhū):锱、铢都是古代很小的重量单位。比喻极微小的数量。

[7] 责多还少:指索要得多而陪嫁得少。

[8] 市井:古代指做买卖的地方。这里指做买卖。

[9] 猥(wěi):卑污,下流。

[10] 擅(shàn):独揽。

[11] 贪荣求利:贪图荣耀,索求财物。

余嫁女不论聘礼[1]，娶妇不论奁资[2]。令新兴抵舍[3]，房闼中不留一文[4]，是儿曹所共知见者[5]，后人当以为式[6]。

〔明〕姚舜牧《药言》

注　释

[1] 论:计较。

[2] 奁(lián)资:陪嫁的财物。

[3] 令:指受任为县令。　新兴:东晋置县,
　　在广东省西部、西江支流新兴江中游。
　　本文作者曾在此任县令。

[4] 房闼(tà):居室。

[5] 儿曹:儿辈,后辈。

[6] 式:作为榜样。

嫁女择佳婿[1]，毋索重聘[2]；娶妇求淑女[3]，勿计重奁[4]。

［明］朱柏庐《治家格言》

注　释

[1] 佳婿：称心的女婿。

[2] 重聘：丰厚的订婚财礼。

[3] 淑女：贤良美好的女子。

[4] 奁：嫁妆。

勿嫁女受财[1]，或丧子嫁妇[2]，尤不可受一丝[3]。

[明] 王夫之《传家十四戒》

注　释

[1] 受财：接收财礼。

[2] 嫁妇：指子亡后儿媳妇改嫁。

[3] 尤：尤其，格外。

婚事简办

婚礼不用乐[1]，三日后管领亲家[2]，即随宜使酒成礼可矣[3]；不当效彼俗子[4]，徒为虚费[5]，无益有损[6]。

［宋］张浚《遗令教子》

注　释

[1] 乐:指音乐。

[2] 管领:此指接待。　亲(qìng)家:两家
儿女相婚配的亲戚关系。

[3] 随宜;随意。　成礼:完婚。

[4] 俗子:指见识浅陋或鄙俗的人。

[5] 徒:徒然,白白地。　虚费:浪费,白白
地耗费。

[6] 损:损害,害处。

又寄银百五十两,合前寄之百金,均为大女儿于归之用[1]。以二百金办奁具[2],以五十金为程仪[3],家中切不可另筹银钱,过于奢侈。

[清] 曾国藩《曾文正公家训》

注 释

[1] 于归:出嫁。

[2] 奁具:嫁妆。

[3] 程仪:亦称"程敬"。旧时赠送旅行者的财礼。此指赠送给出嫁女子的财礼。

侄女出阁[1]，妆奁勿太过奢[2]。盖仕宦之家办喜事，每不惜浪费以示豪华，吾所不取，望弟亦慎重于选弟之途[3]，务必丰俭得中。

[清]彭玉麟《家书》

注　释

[1] 出阁：出嫁。

[2] 妆奁(lián)：嫁妆。

[3] 慎重于选弟之途：谨慎地遵守道德孝悌。选，指德行；弟，同"悌"。

世人于嫁女一事，必夸奢斗靡[1]，苦费经营[2]，往往因一嫁一娶，而大伤元气者，事后追忆所费，其实正用处少，浮用处多[3]。

[清]史典《愿体集》

注　释

[1]夸奢斗靡：显耀奢侈竞相挥霍。

[2]经营：筹划营治。

[3]浮用：不必要的开支。

夫男女毕姻[1]，原欲其续祖妣而大门间[2]，若以一婚嫁之故，而累债耗家，虽有佳男佳妇[3]，已苦于门户无可支持，始悔前此浪费，则亦何益之有！

[清] 史典《愿体集》

注　释

[1] 毕姻：长辈为晚辈完婚。

[2] 祖妣：指祖先。　门间：家门，门户。

[3] 佳男：此指好儿子。　佳妇：好儿媳妇。

婚嫁宜从俭[1]，愚人外面装[2]，若将明者笑[3]，何算是排场[4]？

[清]谢泰阶《小学诗》

注　释

[1]宜:应该。　俭:节省,节俭。

[2]愚人:愚昧的人,浅陋的人。　装:讲排
　　场,要面子。

[3]明者:明白人。

[4]何:副词。怎么。表示反问。

养生

调理饮食

食忌多品[1]。一席之间[2]，遍食水陆[3]，浓淡杂进[4]，自然损脾。予谓或鸡鱼凫豚之类[5]，只一二种，饱食良为有益[6]。

[清] 张英《聪训斋语》

注 释

[1] 多品:多样。

[2] 一席:一桌饭菜或酒席。

[3] 水陆:指水中和陆地所产的食物。极言
    菜肴之多。

[4] 浓淡:指烹饪的味道。 杂进:掺杂在
    一起吃进肚子里。

[5] 凫(fú):野鸭。 豚:猪。

[6] 良:确定。

养生之道，饮食为重。设如身体微有不豫[1]，即当节减饮食，然亦惟比寻常稍减而已。今之医生，一见人病，即令勿食，但以药物调治。若或内伤饮食者，禁止犹可；至于他证[2]，自当视其病由，从容调理，量进饮食[3]，使气血增长。苟于饮食禁之太过，惟任诸凡补药[4]，鲜能资补气血[5]，而令之充足也。养身者宜知之。

[清] 爱新觉罗·玄烨《庭训格言》

注　释

[1] 不豫:不舒服。比喻轻微疾病。

[2] 证:通"症"。疾病。

[3] 量:适量,酌量。

[4] 任:用,使用。

[5] 鲜(xiǎn):极少。　资补:即滋补。

常人不知养生，其最易致病而促寿者有[1]：一日三餐皆贪美食，食之过饱。《淮南子》曰[2]："五味乱口，使口损伤。"傅休奕曰[3]："病从口入。"一日三餐之前后，皆食点心及一切闲食，使胃肠无休息之时。晚餐甫毕即就寝[4]，就寝时，饱食干点心。

[清]李鸿章《家书》

注　释

[1] 致:招致。

[2]《淮南子》:书名。西晋淮南王刘安及其门客苏非、李尚、伍被等著。亦称《淮南鸿烈》。一般认为它是杂家著作,也包含不少自然科学史材料。

[3] 傅休奕:即傅玄(217—278),字休奕,北地郡泥阳县(今陕西省铜川耀州区东南)人。西晋哲学家、文学家。曾任司隶校尉、散骑常侍。封鹑觚子。学识渊博,精通音律,擅长乐府。明人辑有《傅鹑觚集》。

[4] 甫:才,方。

不知养生而致病促寿者：[1]终年饱食肉类，血内蕴毒既多，一日为外症或传染症所侵袭，则轻症变为重症而死。《吕氏春秋》曰[2]："肥肉厚酒，务必自强[3]。命曰：烂肠之食。"方今各派提倡素食者渐众，且集会素食者有之，吾弟慎勿轻信，迷于信佛也[4]。

[清] 李鸿章《家书》

注　释

[1] 促寿:缩短寿命。

[2]《吕氏春秋》:书名。亦称《吕览》,战国
　　末秦相吕不韦集合门客共同编写。为
　　杂家代表著作。全书二十六卷,共一百
　　六十篇。内容以儒、道思想为主,兼及
　　名、法、墨、农及阴阳家言。

[3] 自强:此指强制自己少吃。

[4] 信佛:这里是指过于信服佛家提倡吃素
　　长寿的说法。

力戒恼怒

人常和悦,则心气冲而五脏安[1]。昔人所谓养欢喜神。真定梁公每语人[2]:"日间办理公事,每晚家居,必寻可喜笑之事,与客纵谈,掀髯大笑,以发舒一日劳顿郁结之气[3]。"此真得养生要诀。何文端公时[4],曾有乡人过百岁,公叩其术[5],答曰:"予乡村人,无所知,但一生只是喜欢,从不知忧恼。"噫! 此岂名利中人所能哉。

[清]张英《聪训斋语》

注　释

[1] 心气冲：心气，心地；冲，冲淡、淡泊。心气冲，即清心寡欲。

[2] 真定：旧县名。汉高祖改东恒县置。治所在今河北省正定南，唐初移今正定。　梁公：指梁清标，字玉立，号棠村，真定(今河北省正定县)人。明崇祯进士。顺治初降清，曾任户部尚书等职。有《棠村词》《棠村随笔》等。

[3] 发舒：扩散，舒展。

[4] 何文端：即何如宠，字康侯，明桐城(今安徽省桐城市)人。万历进士。累官礼部尚书、武英殿大学士，即乞休，上疏九次乃允。卒谥"文端"。

[5] 叩：问。

心思之切忌者[1]，莫如忧愁、恼怒伤人最烈。但身居斯世，而忧愁、恼怒必难避免，亦当巧自安排，必要避免。凡遇急暴事，我须以安静心应之[2]。

[清]石成金《传家宝》

注　释

[1] 心思：心情。

[2] 应：应付，对付。

余"八本匾"中[1]，言养生以少恼怒为本。又尝教尔胸中不宜太苦，须活泼泼地，养得一段生机，亦去恼怒之道也。既戒恼怒，又知节啬[2]，养生之道，已尽在我者矣[3]。

[清] 曾国藩《曾文正公家训》

注　释

[1] 八本匾：指曾国藩为教诲子弟所确定的"八条根本"。

[2] 节啬：节省，节俭。

[3] 尽在我者：全部掌握在我的手中。

弟信中有云"肝病已深，痼疾已成[1]，逢人辄怒[2]，遇事辄忧[3]"等语，读之不胜焦虑[4]。此病非药饵所能为力[5]，必须将万事看空，毋恼毋怒，乃可渐渐减轻。蝮蛇螫手[6]，则壮士断其手，所以全生也[7]。吾兄弟欲全其生[8]，亦当视恼怒如蝮蛇[9]，去之不可不勇[10]。

［清］曾国藩《家书》

注　释

[1] 痼(gù)疾:积久难治的病。

[2] 辄:副词。就。

[3] 忧:忧愁,忧虑。

[4] 不胜:非常,十分。

[5] 药饵:药物。

[6] 蝮(fù)蛇:毒蛇。

[7] 全生:保全生命。

[8] 全:保全。

[9] 亦:副词。也。

[10] 去:戒除,除去。

养生以少恼怒为本[1]，事亲以得欢心为本[2]。弟久劳之躯[3]，当极力求少恼怒。

[清]曾国藩《家书》

注　释

[1]养生：摄养身心使长寿。

[2]事亲：侍奉父母双亲。

[3]躯：身体。

古人以惩忿窒欲为养生要诀[1]。惩忿即吾前信所谓少怒也；窒欲即吾前信所谓知节啬也。因好名好胜而用心太过[2]，亦"欲"之类也。

［清］曾国藩《曾文正公家训》

注 释

[1] 惩忿：克制愤怒。　窒欲：抑制欲望。

[2] 好(hào)名：爱好名誉，追求虚名。

好(hào)胜：要强，喜欢胜过别人。

起居有常

　　若其爱养神明[1]，调护气息[2]，慎节起卧[3]，均适寒暄[4]，禁忌食饮，将饵药物[5]，遂其所禀[6]，不为夭折者[7]，吾无间然[8]。

　　［南北朝］颜之推《颜氏家训》

注　释

［1］若其:假若,如果。　神明:这里指人的精神。

［2］调护:调理护养。　气息:即呼吸。

［3］慎节起卧:起居有规律。

［4］暄(xuān):温暖。

［5］饵:吃,服用。　药物:此指滋补药物。

［6］遂其所禀:禀,赐予,赋予。遂其所禀,指达到上天所赋予的应尽年限。

［7］不为夭折者:不致中途夭折。

［8］无间:没有闲话可说。即没有什么可说的了。

安寝乃人生最乐[1]。古人有言：“不觅仙方觅睡方。”冬夜以二鼓为度[2]，暑月以一更为度[3]。每笑人长夜酣饮不休，谓之消夜[4]。夫人终日劳劳[5]，夜则宴息[6]，是极有味，何以消遣为？冬夏皆当以日出而起，于夏犹宜，天地清旭之气最为爽神[7]，失之甚为可惜[8]。

〔清〕张英《聪训斋语》

注　释

[1] 安寝:安睡。

[2] 二鼓:二更。晚上九点至十一点。

[3] 一更:晚上七点至九点。

[4] 消夜:消遣夜间时光。

[5] 劳劳:辛苦,忙碌。

[6] 宴息:休息。

[7] 清旭:清晨。

[8] 失:错过。

日长漏永[1]，不妨午睡数刻[2]，焚香垂幕[3]，净展桃笙[4]，睡足而起，神清气爽[5]，真不啻天际真人[6]。

〔清〕张英《聪训斋语》

注　释

[1] 漏：又称漏刻、漏壶。古代利用滴水多少来计量时间的一种仪器。

[2] 刻：计时单位。古代一昼夜分为十二辰，一辰分为八刻。一刻正合现在的十五分钟。

[3] 垂幕：放下帘幕。

[4] 桃笙：用桃枝竹编的席子。桃枝竹是竹子的一种，亦称"桃支竹"。

[5] 神清气爽：形容人神志清爽，心情舒畅。

[6] 不啻（chì）：无异于。　天际真人：天上的仙人。

保养之方[1]，以节思虑[2]、慎起居为最要，饮食寒暑又其次也。读书静坐，养气凝神，延年却病，无过此者。

［清］左宗棠《家书》

注　释

[1] 保养：保护调养。这里指养生。

[2] 节：节制。

常人不知养生,而最易致病促寿者有:每日晏起[1],一起身即以点心、朝饭饱塞胃部[2]。深夜坐谈[3],或狂饮,或赌博,至来夜方就寝[4]。

〔清〕李鸿章《家书》

注　释

[1] 晏:晚,迟。

[2] 朝饭:早饭,早餐。

[3] 坐谈:犹空谈。

[4] 来夜:即我们通常所说的下半夜(夜间十二点之后)。

心静身动

吾国人士，向不肯注意于身体之健康[1]，而又心过用，以致年未四十，而视茫茫[2]，而发苍苍[3]，而齿牙动摇者[4]，滔滔皆是[5]。当强仕之年[6]，而已衰颓若是，则一旦畀以斧柯[7]，又将何以肩负耶……其入手方法，则惟一"动"字。早起勤，则精神爽；运动勤，则筋骨坚。吾弟身既孱弱[8]，不必专乞灵于药饵也。

[清] 胡林翼《家书》

注　释

［1］向:向来,一向,从来。

［2］视茫茫:视力模糊不清。

［3］发苍苍:头发灰白。

［4］齿牙:牙齿。

［5］滔滔:普遍。

［6］强仕:40岁的代称。指担当大事的年纪。

［7］畀(bì):给予,付与。　斧柯:斧柄。喻
　　指权柄。

［8］孱(chán)弱:衰弱。

运动可以壮筋骨、活血脉、强壮身体，并可使人思想活泼，志气刚正[1]。往往人有郁闷的时候[2]，偶一散步，精神就自然快活起来。思索一事，有时往来走动，心思犹容易就绪[3]。曾文正公教子弟[4]，常令饭后行一千步，当作正经的功课，养生的要诀[5]。

[清] 佚名《家庭谈话》

注 释

[1] 志气:此指意志和精神。　刚正:刚直
方正。

[2] 郁闷:积聚在内心的烦闷。

[3] 犹:也。

[4] 曾文正公:即曾国藩(1811－1872),字
涤笙,号伯涵,湖南湘乡人。清朝大臣,
湘军首领,曾任礼部、兵部侍郎。谥"文
正"。有《曾文正公全集》。

[5] 要(yào)诀:秘诀,诀窍。

重养慎补

凡欲药饵，陶隐居《太清方》中总录甚备[1]，但须精审，不可轻脱[2]。近有王爱州在邺学服松脂[3]，不得节度[4]，肠塞而死，为药所误者甚多。

[南北朝]颜之推《颜氏家训》

注　释

[1] 陶隐居:即陶弘景(456—536),字通明,丹阳秣陵(今南京市)人。南朝齐、梁道教思想家、医学家。仕齐,拜左卫殿中将军。入梁,隐居句曲山(茅山),自号华阳隐居。梁武帝逢朝中大事常咨询于他,时称"山中丞相"。著有中医、中药著作多部。　《太清方》:中医便方著作,陶隐居撰。

[2] 轻脱:轻率。

[3] 学服:仿效别人服用(某种药物)。　松脂:松树树干所分泌的树脂。据《本草纲目》载:"松脂,一名松膏,久服,轻身,不老,延年。"

[4] 节度:节制。

至于药饵[1]，往往招徕真气之药少[2]，攻伐和气之药多[3]。故善服药者，不如善保养。

［宋］陈直《寿亲养老新书》

注 释

[1] 药饵:药物。

[2] 招徕(lái):亦作"招来"。招引。　真气:人体的元气,生命活动的原动力。由先天之气和后天之气结合而成,道教谓为"性命双修"所得之气。

[3] 攻伐:指药性猛烈。　和气:调和血气。

若服药而日更数方，无故而终年峻补[1]，疾轻而妄施攻伐，强求发汗[2]，则如商君治秦、荆公治宋[3]，全失自然之妙。柳子厚所谓"名为爱之，实则害之"[4]，陆务观所谓"天下本无事，庸人自扰之[5]"，皆此义也。

[清]曾国藩《曾文正公家训》

注　释

[1] 终年峻补：一年到头进食大补的药物。

[2] 攻伐：本指药性猛烈。此指药力猛烈的药物。

[3] 商君：指商鞅（约前390—前338）。战国卫人。姓公孙名鞅，因封于商，也称商鞅、商君。入秦，辅助秦孝公变法。孝公死后被诬告，车裂而死。　秦：指战国时期的秦国。　荆公：即王安石（1021—1086）。北宋政治家、文学家、思想家。字介甫，晚号半山，抚州临川（今属江西）人。曾任宰相，推行变法。

[4] 柳子厚：即柳宗元（773—819），字子厚，河东解县（今山西省运城市解州镇）人。唐文学家。

[5] 陆务观：即陆游（1125—1210），字务观，号放翁，山阴（今浙江省绍兴市）人。南宋大诗人。主张抗金。

服药之事，余阅历极久，不特标病服表剂最易错误[1]，利害参半，即本病服参茸等味亦鲜实效[2]。如胡文忠公、李勇毅公以参茸燕菜作家常酒饭[3]，亦终无所补救。余现在调养之法，饭必精凿[4]，蔬菜以肉汤煮之，鸡鸭鱼豕炖得极烂，又多办酱菜腌菜之属，以为天下之至味，大补莫过于此。

[清] 曾国藩《家书》

注 释

[1] 不特:不仅,不但。　标:梢,与本相对。引申为非根本性的。

[2] 参(shēn):指人参。多年生草本植物,根和叶都可以入药,有滋补作用。　茸(róng):指鹿茸。雄鹿的嫩角没有长成硬骨时,带茸毛,含血液,叫"鹿茸"。用做滋补强壮剂。　鲜:少。

[3] 胡文忠:即胡林翼(1812—1861),字贶生,号润芝,清末湖南益阳人。道光进士。曾任湖北巡抚。卒谥"文忠"。有《胡文忠公遗集》。　李勇毅:即李续宜(1822—1863),字克让,号希庵,清末湘乡人。曾任安徽巡抚。清末著名奖领。卒谥"勇毅"。　燕菜:指燕窝。

[4] 精凿:舂去谷物的皮壳。此指舂过的净米。

至医药，则合家大小老幼，几乎无人不药，无药不贵……余意欲劝弟少停药物[1]，专用饮食调养。泽儿虽体弱[2]，而保养之法，亦惟在慎饮食，节嗜欲[3]，断不在多服药也[4]。

[清]曾国藩《家书》

注　释

[1] 少(shǎo)：稍微。

[2] 泽儿：曾国藩的长子曾纪泽。

[3] 嗜欲：嗜好与欲望。

[4] 断：副词。断乎，绝对。只用于否定式。

后事

薄物质遗产

　　吾家本清廉，故常居贫素[1]，至于产业之事，所未尝言[2]，非直不经营而已[3]。薄躬遭逢[4]，遂至今日，尊官厚禄，可谓备之。每念叨窃若斯[5]，岂由才致[6]？仰藉先代风范及以福庆[7]，故臻此耳[8]。古人所谓："以清白遗子孙，不亦厚乎？"又云："遗子黄金满籯[9]，不如一经[10]。"详求此言，信非徒语[11]。

　　　　［南北朝］徐勉《诫子崧书》

注　释

[1] 贫素:清贫寒素。

[2] 未尝:不曾。

[3] 非直:不但,不仅。

[4] 薄躬:自身。谦辞。

[5] 叨窃:不当得而得。自谦之词。

[6] 才致:才情。

[7] 仰藉:凭借,依靠。

[8] 臻(zhēn):至,达到。

[9] 籯(yíng):箱笼等类盛器。

[10] 经:指经书。

[11] 信:确实。　徒语:空话。

吾尝相国矣[1]，未死[2]，岂有饥寒忧[3]？若以谴去[4]，虽富田产，犹不能有也[5]。近世士大夫务广田宅[6]，为不肖子酒色费[7]，我无是也[8]。

[唐] 张嘉贞《张嘉贞家训》

注 释

[1] 相(xiàng)国：宰相。

[2] 未死：倘若不死。

[3] 岂有饥寒忧：难道还会有饥寒之忧吗？

[4] 谴：旧时官吏被贬降或谪戍。

[5] 犹：仍然，还是。

[6] 务：必须，一定。

[7] 不肖：不成材，不正派。

[8] 我无是也：我不会这样做啊。

夫生生之资[1]，因人所不能无，然勿求多余，多余希不为累也[2]。使其子孙果贤耶，岂疏粝布褐不能自营[3]，死于道路乎？其不贤也，虽积金满堂室，又奚益哉[4]？故多藏以遗子孙者，吾见其愚之甚。然则圣贤不预子孙之匮乏耶[5]？何为其然也，昔者圣贤遗子孙以廉以俭[6]。

［宋］司马光《训子孙文》

注　释

[1] 生生:生活。

[2] 希:同"稀"。少。

[3] 疏粝(lì):粗糙的饭食。　布褐:粗布短衣。

[4] 奚:什么。

[5] 然则:那么。　圣贤:圣人和贤人的合称。亦泛指才智杰出者。　预:过问。

[6] 廉、俭:指廉洁、俭朴的品德。

凡人为子孙计，皆思创立基业，然不有至大至久者在乎？舍心地而田地[1]，舍德产而房产[2]，已失其本矣[3]。况惟利是图[4]，是损阴骘[5]，欲令子孙永享[6]，其可得乎[7]？

[明] 姚舜牧《药言》

注 释

[1] 心地:指好的心灵。

[2] 德产:指好的品德。

[3] 本:根本。此指心地、德产等根本性的
东西。

[4] 惟利是图:一心为利,别的什么都不顾。

[5] 阴骘(zhì):阴德。

[6] 永享:永远享受福禄。

[7] 其:副词。犹岂,难道。　得:获得,
得到。

盍思为人父母[1]，将以田宅金钱遗子之为爱其子乎？抑以道德遗子之为爱其子乎[2]？不肖之子[3]，遗此田宅，转盼属之他人[4]，遗此多金，适资丧身之具[5]，孰若遗以德义之可以永世不替[6]？

〔清〕张履祥《训子语》

注 释

[1] 盍(hé):何不。

[2] 抑:还是。

[3] 不肖之子:不成材的儿子。

[4] 转盼:转眼。比喻时间短促。 属(shǔ):归属,隶属。

[5] 适:正好,恰巧。 资:凭借,依靠。

[6] 孰若:犹何如,怎么比得上。 德义:道德信义。 替:改变,废弃。

立简葬之规

显节陵扫地露祭[1]，欲率天下以俭。吾为三公[2]，既不能宣扬王化[3]，令吏人从制[4]，岂可不务节约乎[5]？其无起祠堂[6]，可作稿盖庑[7]，施祭其下而已[8]。

[汉]张酺《敕子》

注　释

[1] 显节陵:东汉明帝陵名。在今河南省洛阳市东南。陵方三百步,高八丈。　露祭:在露天祭奠。明帝遗诏不要起寝庙,故言扫地露祭。

[2] 三公:古代中央三种最高官衔的合称。东汉以太尉、司徒、司空为三公。又称三司。张酺曾于和帝永元五年(93年)代尹睦为太尉。

[3] 王化:天子的教化。

[4] 令吏人从制:让官吏和百姓遵从这一制度。

[5] 务:从事,致力于。

[6] 其无起祠堂:你们不要在我的墓地建造祠堂。

[7] 稿:稻、麦的秸杆。　庑(wǔ):大屋。

[8] 施祭:举行祭奠。

夫人禀天地之气以生[1]，及其终也[2]，归精于天[3]，还骨于地，何地不可藏形骸[4]？勿归乡里[5]，其赗赠之物[6]，羊豕之奠[7]，一不得受[8]。

［汉］崔瑗《遗令子实》

注　释

[1] 禀:依靠。

[2] 终:指人死。

[3] 精:灵魂。古代迷信,认为人死以后灵
　　魂升天,故言"归精于天"。

[4] 形骸:人的躯体。

[5] 乡里:家乡,故里。

[6] 赗(fèng)赠:因助办丧事而赠送财物。

[7] 豕(shǐ):猪。　奠:祭品。

[8] 一不得受:一概不得使用。

吾以不德，享受多福。生无以辅益朝廷[1]，死必耗费帑藏[2]，衣衾饭啥玉匣珠贝之属[3]，何益朽骨[4]。百僚劳扰[5]，纷华道路[6]，只增尘垢，虽云礼制，亦有权时[7]……气绝之后[8]，载至冢舍[9]，即时殡殓[10]。殓以时服[11]，皆以故衣，无更裁制[12]。殡已开冢，冢开即葬……不宜违我言也。

[汉] 梁商《敕子冀等》

注　释

[1] 辅益：帮助，补益。

[2] 帑臧(tǎng zàng)：亦作"帑藏"。国库。

[3] 饭唅(hàn)：亦作"饭含"。古丧礼。以珠、玉、贝、米等物纳于死者口中。

[4] 朽骨：死者之骨。亦指死者。

[5] 劳扰：劳累忙扰。

[6] 纷华：繁华，富丽。

[7] 权时：审度时势。

[8] 气绝：停止呼吸。即死亡。

[9] 冢舍：墓旁守丧人的住所。亦指停棺枢之所。

[10] 殡殓：入殓和出殡。

[11] 时服：平时的衣服。

[12] 更：再，又。　裁制：剪裁和制作。

吾为将[1]，知将不可为也。吾数发冢[2]，取其木以为攻战具[3]。又知厚葬无益于死者也，汝必敛以时服。且人生有处所耳，死复何在耶[4]？今去本墓远，东西南北，在汝而已[5]。

[三国] 郝昭《遗令戒子》

注　释

[1] 将:将军。

[2] 发冢:挖掘坟墓。

[3] 木:此指棺木。

[4] 何在:在,居处。何在,何须居处。

[5] "今去"三句:大意是,现在距离故乡的
　　墓地太远了,我死后,东西南北,由你
　　找个地方埋葬就行了。

夫俗奢者[1]，示之以俭[2]，俭则节之以礼[3]。历见前代送终过制[4]，失之甚也[5]。若尔曹敬听吾言[6]，敛以时服，葬以土藏[7]，穿毕便葬，送以瓦器[8]，慎勿有增益[9]。

[三国] 韩暨《临终遗言》

注　释

[1] 俗:习俗。

[2] 示:教导。

[3] 礼:泛指封建社会贵族等级制的社会和
　　道德规范。

[4] 送终:为死者办理丧事。亦指亲属临终
　　时在身旁照料。　过制:超过礼制的规
　　定。

[5] 失之甚也:失,违背,离开;甚,大,多。
　　这句的意思是,(办理后事)违背礼制的
　　规定太多了。

[6] 尔曹:犹言汝辈、你们。

[7] 土藏(zàng):挖土坑埋葬。

[8] 瓦器:用泥土烧制的器皿。

[9] 增益:增加,增添。

吾生值季末[1]，登庸历试[2]，无毗佐之勋[3]，没无以报[4]。气绝，但洗手足[5]，不须沐浴[6]，勿缠尸，皆浣故衣[7]，随时所服[8]……西芒上土自坚贞[9]，勿用礜石，勿起坟[10]。陇穿深二丈[11]，椁取容棺[12]。勿作前堂，布几筵[13]，置书箱、镜奁之具，棺前但可施床榻而已。糒脯各一盘[14]，玄酒一杯[15]，为朝夕奠[16]。家人大小不须送丧。

[晋]王祥《遗令》

注　释

[1] 季末：末世，衰微的时代。

[2] 登庸：选拔任用。

[3] 毗(pí)佐：辅佐。

[4] 没：通"殁"。死亡。

[5] 但：只。

[6] 沐浴：旧时婚丧的一种礼俗。

[7] 浣：洗濯。　故衣：旧衣服。

[8] 随时：随时令。

[9] 西芒：当为地名。　坚贞：坚硬。

[10] 起坟：古代坟、墓有别。墓指墓穴，坟
　　　是高出地面的土堆。

[11] 陇：通"垄"。坟墓。

[12] 椁(guǒ)：棺外的套棺。

[13] 几：矮或小的桌子，用以搁置物件。
　　　筵：竹席。

[14] 糒(bèi)：干饭。　脯：干肉。

[15] 玄酒：古代祭礼时当酒用的清水。

[16] 奠：祭品。

吾终之后[1]，所葬时服单椟[2]，足申孝心[3]，刍灵明器[4]，一无用也[5]。

[南北朝]源贺《遗令敕诸子》

注　释

[1] 终:人死。

[2] 时服:当时通行的服装。　单椟(dú):无套棺的棺材。

[3] 申:表明,表达。

[4] 刍(chú)灵:用茅草扎成的人马,为古人送葬之物。　明器:专为随葬而制作的器物,一般用竹、木或陶土制成,也有纸制、铅制或锡制的。

[5] 一无用也:一件也不需要用。

生而必死，理之常分[1]。气绝后可著单服一通[2]，以充小敛[3]。棺内施单席而已，冀其速朽[4]，不得别加一物。无假卜日[5]，惟在速办。自古贤哲[6]，非无等例[7]，尔宜勉之。

[唐] 萧瑀《遗书》

注 释

[1] 常分(fèn):定分。

[2] 气绝:呼吸停止。　著(zhuó):穿。
　　一通:表数量。此指一套衣服。

[3] 小敛:亦作"小殓"。旧时丧礼之一。给
　　死者沐浴、穿衣、覆衾等。

[4] 速朽:指尸骨迅速腐烂。后亦用以指
　　薄葬。

[5] 无假:不须。　卜日:选择吉日。

[6] 贤哲:贤明睿智的人。

[7] 等例:指相同的事例。

死生至理，亦犹朝之有暮[1]。吾终，敛以常服；晦朔常馔[2]，不用牲牢[3]；坟高可认，不须广大；事办即葬，不须卜择[4]；墓中器物，瓷漆而已；有棺无椁[5]，务在简要；碑志但记官号、年代[6]，不须广事文饰[7]。

〔唐〕卢承庆《教戒》

注　释

[1] 朝(zhāo):早晨。

[2] 晦:农历每月最后一日。　朔:农历每月初一。　常馔(zhuàn):指祭祀用的普通食物。

[3] 牲牢:指祭祀用的牲畜。

[4] 卜择:占卜以选择安葬的吉日。

[5] 椁(guǒ):古代套于棺外的大棺。

[6] 碑志:刻在碑上的纪念文字。

[7] 广事文饰:过多地进行文辞修饰。

吾身亡后，可殓以常服，四时之衣，各一副而已[1]。吾性甚不爱冠衣[2]，必不得将入棺墓，紫衣玉带[3]，足便于身，念尔等勿复违之。且神道恶奢[4]，冥途尚质[5]。若违吾处分[6]，使吾受戮于地下[7]，于汝心安乎？念而思之。

[唐]姚崇《遗令诫子孙》

注　释

[1] 一副:数量词。此处作"一套"解。

[2] 冠衣:衣服帽子。此指官服。

[3] 紫衣:古代公服。唐制,亲王及三品官
    穿紫服。　玉带:唐代官员所用的玉饰
    腰带,以此分别官阶的高低。

[4] 神道:神灵。　恶(wù):厌恶。

[5] 冥途:指阴间。　质:质朴。

[6] 处分(fèn):吩咐,嘱托。

[7] 戮(lù):惩罚。

吾生无益于时[1]，无请谥[2]，无求鼓吹[3]，以布车一乘葬[4]，铭志无择高位[5]。

［唐］令狐楚《遗命戒子》

注　释

[1] 生:指活着的时候。　无益于时:对这个时代没做什么贡献。自谦之词。

[2] 谥(shì):古代帝王、贵族、大臣、士大夫或其他有地位的人死后,据其生前业绩评定的带有褒贬意义的称号。

[3] 鼓吹:宣扬。

[4] 一乘(shèng):古时一车四马称"一乘"。

[5] 铭志:写碑文。　无择高位:不要请职位显贵的人(写碑文)。

厚葬于存殁无益[1]，古人达人言之已详[2]。余家既贫甚，自无此虑，不待形言[3]。至于棺枢[4]，亦当随力[5]。四明、临安倭船到时[6]，用三十千可得一佳棺，念欲办此一事，窘于衣食[7]，亦未能及，终当具之[8]。乃一仓卒，此即吾治命也[9]，汝等第能谨守[10]，勿为人言所摇，木入土中，好恶何别耶[11]！

　　　　　［宋］陆游《放翁家训》

注 释

[1] 存殁:生者和死者。

[2] 达人:通达事理之人。

[3] 形言:表现在言辞上。

[4] 棺柩:此指棺木。

[5] 随力:根据财力办事。

[6] 四明:浙江旧宁波府的别称,以境内有四明山得名。 临安:宋建炎三年(1129 年)置行宫于杭州,升州为临安府,治所在钱塘(今杭州市)。绍兴八年(1138 年),南宋定都于此。 倭:我国古代对日本人及其国家的称呼。

[7] 窘:困迫。

[8] 具:办理。

[9] 治命:指人死前神志清醒时的遗嘱。与"乱命"相对。后亦泛指生前遗言。

[10] 谨守:努力做到。

[11] 恶(è):坏。

近世出葬，或作香亭魂亭、寓人寓马之类[1]，一切当屏去[2]。僧徒引导[3]，尤非敬佛之意[4]，广召乡邻，又无益死者，徒为重费[5]，皆不须为也[6]。

［宋］陆游《放翁家训》

注　释

[1] 香亭：里面放有香炉的结彩小亭，可抬，供赛会、出殡时用。　魂亭：出殡时安放死者灵牌的纸亭。　寓人：寓，通"偶"(yù)。寓人，木偶人。古代用作陪葬的明器。　寓马：寓，通"偶"(yù)。寓马，古代随葬的木偶马。

[2] 屏(bǐng)去：退除，除却。

[3] 僧徒：僧人，僧众。

[4] 尤：尤其。

[5] 徒：副词。徒然，白白地。

[6] 为(wéi)：用。

古者植木冢上[1]，以识其处耳，吾家自先太傅以上[2]，冢上松木，多不过数十。左丞归葬之后[3]，积以岁月，林樾寖盛[4]，至连山弥谷[5]。不幸孙曾遂有剪伐贸易之弊[6]，坐视则不可，禁止则争讼纷然，为门户之辱，其害更甚于厚葬。吾死后，墓木勿过数十，或可不陷后人于不孝之地，戒之戒之。

[宋] 陆游《放翁家训》

注 释

[1] 植木:栽树。　冢:坟墓。

[2] 太傅:陆游高祖陆轸,曾任吏部郎中、严州知州,赠太傅。

[3] 左丞:指陆游祖父陆佃(1042—1102)。官尚书左丞,赠太师,封楚国公。

[4] 林樾(yuè)寖盛:樾,指两木交骤而成的树荫;寖,渐。林樾寖盛,林荫渐盛。

[5] 弥谷:布满山谷。

[6] 孙曾:孙子和曾孙。泛指后代。　贸易:交易,买卖。

我在生最喜俭仆[1]，岂有死后又喜奢华之理[2]？凡僧道鼓乐[3]，纸扎亭幡等项，一概都不用。

[清] 石成金《后事十条》

注　释

[1] 在生：犹在世。活在世上。

[2] 奢华：奢侈，豪华。

[3] 僧道：此指为葬礼诵经的僧人与道士。

戒恶习

劝戒烟酒

　　夫酒，所以行礼、养性命、为欢乐也[1]，过则为患[2]，不可不慎。凡为主人，饮客[3]，使有酒色而已，无使至醉[4]。若为人所强[5]，必退席长跪[6]，称父戒以辞之。若为人所属[7]，下坐行酒，随其多少，犯令行罚[8]，示有酒而已，无使多矣。祸变之兴，常于此作[9]，所宜深慎。

　　　　　　　　　　　　［三国］王肃《家诫》

注　释

[1] 行礼:行使礼节。

[2] 过:过量,超出酒量。

[3] 饮(yìn)客:用酒食待客。

[4] 至醉:大醉。

[5] 强:指强行让饮。

[6] 长(cháng)跪:直身而跪。古时席地而坐,坐时两膝据地,以臀部著足跟。跪则伸直腰股,以示庄重。

[7] 属(zhǔ):嘱咐。引申为邀请。

[8] 犯令行罚:触犯酒令进行罚酒。

[9] 此:这。指饮酒。

戒尔勿嗜酒[1]，狂药非佳味[2]。能移谨厚性[3]，化为凶暴类[4]。古今倾败者[5]，历历皆可记。

[宋] 范质《戒子侄诗》

注　释

[1] 嗜酒：贪求饮酒。

[2] 狂药：酒的别称。

[3] 移：改变。

[4] 化：转化，变成。

[5] 倾败：失败，大败。

酒之为患，俾谨者荒[1]，俾庄者狂[2]，俾贵者贱[3]，而存者亡[4]。有家有国，尚慎其防[5]。

[明]方孝孺《幼仪杂箴》

注 释

[1] 俾：使。俾谨者荒：使严谨的人荒废懒散。

[2] 俾庄者狂：使端庄的人癫狂错乱。

[3] 俾贵者贱：使高贵的人低下卑贱。

[4] 存者亡：使活着的人得病死亡。

[5] 有家有国，尚慎其防：持家治国的人，一定要小心提防。

今后客至[1]，肴不必求备[2]，酒不必强劝。淡薄能久[3]，宾主相欢[4]，但求适情而已[5]。

[明] 庞尚鹏《庞氏家训》

注 释

[1] 客至:客人到来。

[2] 肴:指菜肴。 备:齐备。

[3] 淡薄:平淡自然。

[4] 宾主:宾客与主人。

[5] 但:只,仅。 适情:顺适性情。

饮酒,不许沉醉[1],非惟乱性[2],亦伤生[3],世多死于酒[4],可鉴也。

〔明〕庞尚鹏《庞氏家训》

注　释

[1]沉醉:大醉。

[2]乱性:迷乱心性。

[3]伤生:伤害生命。

[4]世:指世间的人。

奈何今之人无故而饮，饮必醉而后已。富家子弟败家破产，身罹疾厄[1]，皆由于此。而贫穷者才得几文[2]，便沽饮尽醉[3]，行凶遭祸，抑何比比[4]。故《周书》以酒为诰[5]，而曰："我民用大乱丧德，亦罔非酒惟行[6]。"

[清] 爱新觉罗·玄烨《庭训格言》

注　释

〔1〕身罹(lí)疾厄:自身遭逢灾难。

〔2〕文:古时称一枚钱为一文。

〔3〕沽:买。多指买酒。

〔4〕抑:副词。又。　何比比:比比,言其多。何比比,怎么这么多(指尽醉和行凶遭祸的人)。

〔5〕《周书》:《尚书》的组成部分之一。相传是记载周代史事之书。包括《牧誓》《大诰》等三十二篇。　诰:古代一种训诫勉励的文告。

〔6〕"我民"二句:用,因;罔,无;非,不。这二句的意思是,我们的众民之所以胆敢犯上作乱,丧失了他们应当遵守的道德,究其原因,无非是以酒乱行。

酒以成礼合欢，原不可少，耽之必至偾事[1]。且好饮者，多在晚夕，一人衔杯未止[2]，举家停镫以俟[3]。奴仆则伺隙滋弊[4]，厨灶则遗火可虞[5]。故饮酒不可无节[6]，而居家为最[7]。

[清] 汪辉祖《双节堂庸训》

注　释

［1］耽（dān）：沉溺，入迷。　偾（fèn）事：败事，坏事。

［2］衔杯：口含酒杯。指饮酒。

［3］镫（dèng）：盛放熟食的器具。指餐具。

［4］伺隙：窥视可乘之机。　滋弊：滋生弊病。

［5］遗：遗留。　可虞：能够产生忧患。

［6］无节：不加节制。

［7］居家：指在家的日常生活。这里指在家里饮酒。　最：居于首要地位。

世上是非，多起于酒。加以贪杯[1]，愈丧所守[2]。乱语胡言，得罪亲友。甚至醉时，胆大如牛。酗酒放风[3]，裂肤碎首[4]。醒后问之，十忘八九。何如节饮[5]，免至献丑[6]。

〔清〕韶山毛氏《毛氏族训》

注　释

[1] 贪杯:好酒嗜饮。

[2] 守:操守。

[3] 放风:透露散布消息。此指酗酒时放出
的狠话。

[4] 裂肤碎首:裂开皮肤,打碎头颅。

[5] 何如:用反问的语气表示不如。　节
饮:指少饮酒。

[6] 献丑:显现丑态百出的样子。

吃酒须要照量[1]，不可贪杯过饮[2]，必致吃醉。或酒后胡言，相打相骂；或少年好饮[3]，晚年成病。酒中误事，不可胜言[4]。教你少吃，就是戒酒。

［清］陆钧川《家庭直讲》

注　释

[1] 照量:考虑自己的酒量,不要超过。

[2] 过饮:饮酒过度。

[3] 少(shào)年:古称青年男子。与老年
相对。

[4] 不可胜言:无法尽说。极言其多。

酒的害处亦甚多，酒中有一种物质，名曰"酒精"，饮后使人心气昏乱[1]，精神衰弱，身体亦受大害，且醉后更易发狂，往往作出败坏道德的事来。古今饮酒误事的人，不可胜举，所以古人以饮酒为败德[2]。

[清] 佚名《家庭谈话》

注　释

[1] 心气：中医称心的生理功能。

[2] 败德：败坏德义，败坏品德。

就以纸烟而论[1]，其中亦有一种毒物，能令人麻醉，吸食以后，就要血气变动[2]，胃的消化力大减，甚至有得神经病的，少年人吸了，更有害于身体发达[3]。

[清] 佚名《家庭谈话》

注　释

[1] 纸烟:香烟。

[2] 血气:血液和气息。指人和动物体内维持生命活动的两种要素。

[3] 发达:此指人的身体发育。

戒赌禁毒

好赌博之人，身家不计[1]，性命不顾，愚痴如是之甚。假赌博之名，以攘人财[2]，与盗无异，利人之失[3]，以为己得。始而贪人所有，陷入坑阱[4]；既而吝惜情生[5]，妄想复本[6]，苦恋局内[7]，囊罄产尽[8]，以致无食无居，荡家败业[9]。

[清] 爱新觉罗·玄烨《庭训格言》

注　释

[1] 身家:本人和家庭。

[2] 攘:侵夺。

[3] 利人之失:以别人的损失为己利。

[4] 坑阱:犹陷阱。

[5] 吝惜:顾惜,舍不得。

[6] 复本:赢回失去的赌本。

[7] 局内:指赌场。

[8] 囊罄(qìng):口袋空空。此指将钱输光。　产尽:产业输尽。

[9] 荡家:败家。

虽密友至戚[1]，一入赌场，顷刻反颜[2]，一钱得失，怒詈旋兴[3]，雅道俱伤[4]，结怨结仇[5]，莫此为甚[6]。

［清］爱新觉罗·玄烨《庭训格言》

注 释

[1] 密友:最亲密、要好的朋友。　至戚:最
　　亲近的亲属。

[2] 反颜:翻脸。

[3] 詈(lì):骂,责备。　旋:立刻。

[4] 雅道:正道,忠厚之道。

[5] 结怨结仇:结下怨仇和仇恨。

[6] 莫此:没有什么比这……。

好赌博者，名利两失，齿虽少[1]，人即料其无成[2]，家正殷[3]，人决知其必败，沉溺不返[4]，污下同群[5]，骨肉轻贱，亲朋笑耻[6]，种种败害相因而起[7]，果何乐何利而为之哉[8]！

[清] 爱新觉罗·玄烨《庭训格言》

注　释

[1] 齿:指年龄。

[2] 无成:不能成功,没有成功。

[3] 殷:富裕,富足。

[4] 沉溺:沉迷,迷恋。

[5] 污下同群:污下,卑下,鄙陋;同群,同
伴。污下同群,同伴们认为他是卑下的
人(而瞧不起)。

[6] 笑耻:鄙视和嘲笑。

[7] 败害:危害。

[8] 果:果真。

赌博之事万不可犯，犯必破家。即一切赌具，亦不可蓄[1]。尝有新年无事[2]，偶尔消闲，子弟相习成风，因之废时荡产。即笙、箫、鼓、板之类[3]，虽非骰、牌可比[4]，然亦是荒正务[5]，总以勿蓄为宜。

[清]汪辉祖《双节堂庸训》

注　释

[1] 蓄：积聚，储藏。

[2] 尝：通"常"。

[3] 笙、萧、鼓、板：均为乐器名。

[4] 骰（tóu）：即骰子。赌具。　牌：赌博
　　用具。

[5] 正务：正事，正业。

惟鸦片充斥[1]，伐生耗财[2]，殊为可忧[3]……嗜此者[4]，大率因夜眠不足[5]，精神困顿[6]，初则视为药品，以为稍吸无防，继则惟知其害，而已欲罢不能矣。一失足成千古恨。吾儿须切戒之！勿以为稍吸为不足虑，更勿以暂吸为不足成瘾，须知此物之毒，不减酖酒[7]。初吸之似可振起精神，实则饮鸩止渴耳[8]。

[清]林则徐《训长子》

注 释

[1] 鸦片:毒品名。用罂粟果实中的乳状汁
　　液制成。又称阿芙蓉,通称大烟。

[2] 伐生:残害生命。

[3] 殊:副词。甚,极。

[4] 嗜:爱好,喜爱。

[5] 大率(shuài):大抵,大致。

[6] 困顿:疲惫乏力。

[7] 酖(zhèn)酒:毒酒。

[8] 鸩(zhèn):鸩羽浸制的毒酒。

爱惜身子,莫用吃烟[1];爱惜家当[2],莫用赌钱。

[清]管涝《家常语》

注　释

[1]吃烟:吸烟。

[2]家当(dàng):家产,家业。

小人而赌博^[1]，盗之媒也；
君子而赌博^[2]，贪之囮也^[3]。

[清]刘德新《馀庆堂十二戒》

注　释

[1] 小人：识见浅狭的人。

[2] 君子：此指掌权有势的人。

[3] 囮(é)：媒介，诱惑物。这里是说因赌博
　　输了钱而成了贪污的媒介。

凡人百艺好随身，赌博门中莫去亲；能使英雄成下贱，管叫富贵作饥贫；衣衫褴褛亲朋笑，田地消磨骨肉嗔[1]；不信但看乡党内[2]，眼前衰败几多人[3]。

［清］陆钧川《家庭直讲》

注　释

[1] 消磨：消耗。此指赌博输掉了田产。

[2] 乡党：周制以五百家为党，一万二千五百家为乡，后因以"乡党"泛指邻里。

[3] 几多：多少。言其多。

后　记

　　二十世纪九十年代,国内兴起了广泛挖掘、研究传统文化的热潮,我也投身到这股热潮中,开始搜集、整理和研究中国古代家训。

　　中国古代家训是中国传统文化的一个重要组成部分,它散佚在浩如烟海的古代文化典籍中。我花费了相当长的时间,翻阅了大量古代文献,经过反复筛选、比较,精选出一批经典家训,主编了一套"中国历代家训丛书",共十二册,并发表了一些有关家训的文章。

　　在阅读、整理古代家训著作和审读"中国历代家训丛书"书稿的过程中,发现不少家训著作中都有规谏劝诫性的文字,很有阅读意义,我便留心进行了收集,时间久了,竟然有了一定的基础。为了创建和谐家庭,给当今家长治家和教育子女提供更为直接的借鉴,于是,我便尝试着编写了一部语录体家训,这样就有了《为人父母必读·传家宝鉴》一书。

本着去粗取精的原则,根据收集的这些家训片段所涉及的内容,我从中精选出五百余则,分为十六类进行编排,每一类又分为若干小类。每一小类所选家训片段,大体依时间顺序进行排列,对于难以考订具体年代的条目,则放在每一小类的最后。

为了便于广大读者阅读、借鉴,我对所选家训片段进行了标点、注释。注释力求简明精练、通俗易懂,并适当参考了一些学者的研究成果,在此谨致谢意!

收入本书的这些家训片段,虽然力求选取精华,但由于这些家训毕竟产生于传统时代的作者之手，这就不可避免地打上了当时社会的各种烙印，即使审慎斟酌，也难以将糟粕剔除净尽。对少量这样的文字，我在注释时做了说明。

本书的出版得到了南开大学出版社领导和有关同志的热情支持和大力襄助，对他们所付出的心血，特于此致以深深的谢忱！

由于功力所限，本书恐多有谬误或不妥之处，敬请专家和读者指正。

夏家善

2016 年春